交通与城市规划丛书

组 合 出 行 论

基于大运量公共交通的城市(群)空间规划研究

刘武君　著

同济大学 出版社
TONGJI UNIVERSITY PRESS
·上海·

图书在版编目（CIP）数据

组合出行论：基于大运量公共交通的城市（群）空间规划研究 / 刘武君著. -- 上海 ：同济大学出版社，2024. 12. --（交通与城市规划丛书）. -- ISBN 978-7-5765-1391-2

Ⅰ. TU984.191

中国国家版本馆 CIP 数据核字第 20246U1Q47 号

交通与城市规划丛书

组合出行论：基于大运量公共交通的城市(群)空间规划研究

刘武君 著

责任编辑 胡 毅 责任校对 徐春莲 封面设计 张 微

出版发行	同济大学出版社 www.tongjipress.com.cn
	（地址：上海市四平路 1239 号 邮编：200092 电话：021-65985622）
经 销	全国各地新华书店、网络书店
排版制作	南京月叶图文制作有限公司
印 刷	上海安枫印务有限公司
开 本	787 mm×1092 mm 1/16
印 张	10.5
字 数	193 000
版 次	2024 年 12 月第 1 版
印 次	2024 年 12 月第 1 次印刷
书 号	ISBN 978-7-5765-1391-2
定 价	128.00 元

如有印装质量问题,请向本社发行部调换

地图审图号：GS(2024)4374 号

内 容 提 要

　　交通是城市发展的起点,交通运输体系的每一次变革和发展都会带来城市空间的更新和拓展。我国正进入大都会和城市群发展的一个新的时期,轨道交通、高速铁路和民用航空等大运量公共交通系统为大都会和城市群的发展提供了新的支撑。

　　本书作者基于20余年从事重大交通基础设施的规划、投资、建设、运营工作,以及"天津交通发展战略研究""珠海市公共交通发展战略研究""海口城市重大基础设施项目策划"等一系列城市战略规划研究和重大基础设施项目策划实践,摆脱了过去那种以交通设施为中心的研究方式,聚焦于"旅客出行"和"出行链",提出了全新的交通规划理论——"组合出行论",其核心理念就是"出行链"和"交通走廊+交通枢纽+城镇中心"模型。全书结合国内外实践案例,全面阐释组合出行论的理论框架和具体实践方法,对于从事城市规划、交通规划和交通设施投资、建设、管理、运营等的专业人员、管理人员,以及高等院校相关专业师生有重要参考价值。

前　言

记得在日本工作的时候,公司要求员工上班时都必须穿西装打领带,于是我看到日本人在工作期间总是西装革履、一本正经。1994年夏天,我所在的"上海浦东国际机场总体规划及一期工程可行性研究调查团"常驻上海工作,炎热的天气很快改变了日本人的穿衣习惯,一个月以后大多数人都穿T恤衫上班了,有的人甚至穿上了短西裤。于是大家都认为日本人也入乡随俗了。直到两个多月后,最绅士的佐伯团长也穿T恤衫上班了,我就问他:"佐伯先生,您也不穿西装了?"他回答:"我发现,穿西装上班与乘地铁上班是成套的。"于是,受这件事的启发,我开始思考穿什么衣服出行与不同的交通方式的相关性问题,并开始把自己研究的重心从交通"设施"转到旅客"出行"上来。

其实,穿什么衣服出行只是出行行为的一部分,不同的交通方式带来不同的出行行为,也确实能够对应不同的出行着装。换个角度来看,不同的着装者会选择不同的交通方式出行。这就是交通运输领域的需求与供给关系,本书将专注于这一对关系的研究。

不同的交通方式还代表不同的时代,同时对应不同的城市空间结构和发展模式。今天我们正处于工业化时代的后期,代表性交通方式在市内是城市轨道交通,在城际是高速铁路和民用航空。从城市的角度来看,城市轨道交通正在重构我国的城市空间,推动城市景观的改变和升级;高速铁路正在拓展我国的城市群规模,提升城市群的运营效率,从而彻底改变我们对城市群的认识;民用航空则在改变城市群与城市群之间的时空关系,影响我们的国土空间规划。

轨道交通、高速铁路、民用航空都是大运量公共交通。一旦基于大运量公共交通的出行成为主体,居民的出行模式就会发生根本性改变,即从单一交通方式出行向多交通方式出行改变,也就是改变为"组合出行"。所谓组合出行就是指通过两种及以上交通方式完成一次出行的出行活动。采用组合出行必定会造成出发地和目的地之间、交通方式之间的多次换乘,就会出现"交通枢纽"，就会形成所谓的"出行链"。

　　根据我和团队的研究，基于上述大运量公共交通系统的出行活动，无论是在大城市内部，还是在城市群中，都将呈现出沿大运量公共交通线路发展的"交通走廊＋交通枢纽＋城镇中心"模式。这是一个"以大运量公共交通线路为轴形成交通设施与城市设施集聚的带状城市化地区，加上以大运量公共交通车站为核心形成多种交通方式的换乘枢纽，再加上以交通枢纽为核心集聚城镇公共设施形成城镇中心"的城市拓展和重筑的过程模型。

　　今天，基于这些大运量公共交通的组合出行，既改变着城市与城市群的交通结构，也改变着城市与城市群的空间结构、产业结构和居住结构。近年来，我国总人口增速明显放缓，但在上述大运量公共交通体系的支撑下，会有更多的人到城市里去生活，城市和城市群将进一步发展壮大，我国大城市和城市群的人口总数和人口密度还将会有很大的提升。未来，通过轨道交通与高速铁路的建设，中国的各个大城市和城市群都将次第呈现类似于"轨道上的大上海"和"高铁上的长三角"这样一种全新的图景。

　　我们把上述所有这些发展变化，以及这些发展变化所带来的新的交通结构和新的空间发展模式、新的城市和城市群空间环境发展规律，再加上伴随而生的新的理念、方法和模型等，全部系统地整合在一起，称之为"组合出行论"。这个组合出行论的核心就是"出行链"和"交通走廊＋交通枢纽＋城镇中心"模型。

　　20多年前我提出了组合出行论的一些基本理念和模型，随后我就结合自己的工作，在实践中不断地进行探索、研究和传授、推广。与此同时，在过去的20多年中，我国在交通领域厚积薄发，创造了人类交通发展史上的奇迹。以城市轨道交通、高速铁路和民用航空为代表的大运量公共交通的快速发展，带来了前所未有的出行便利，极大地拓展了我们的"一小时通勤圈"和"一日交通圈"，为城市社会经济的高效运行奠定了坚实的基础；同时也带来大城市空间结构、产业布局和居住环境的快速升级。这为我们建立自己的交通规划理论、城市规划理论，讲好中国故事，提供了最好的场景和舞台，组合出行论的提出就是在这种背景下的一次尝试和探索。希望借此引发大家的兴趣和讨论，得到各位读者、专家的指导和批评指正。

刘武君

2023 年 8 月 25 日

目录

第 1 章

绪　　论

经过 40 多年的改革开放,我国在许多领域都取得了巨大的成就,其中在交通领域的发展是引人瞩目的。我国的城市轨道交通经过几十年的技术积累和经济发展的支撑,自 2000 年开始进入高速发展期,现在运营里程已经位于世界第一。我国的高速铁路经过长期的技术积累和经济发展的铺垫,在 2011 年以后也进入高速发展期,处在运营里程总量世界第一的位置上。同样,我国民用航空经过 40 多年改革开放,特别是近 20 年高速发展,已取得显著成就,使我国成为世界第二民航大国。城市轨道交通、高速铁路和民用航空是典型的大运量公共交通系统,如此大规模的大运量公共交通系统的建设投运,必将给我国城市和城市群的发展带来巨大的动力。

我们看到,一个城市和城市群空间重组和拓展的时代已经到来。当今我们必须直面新的交通技术带来的新变化,必须研究和开发出轨道交通、高速铁路和民用航空给我国城市和区域发展带来的全新的"城市(群)空间发展模式"。而所有这些研究都必须摆脱过去那种以"交通设施为中心"的习惯,聚焦于"旅客出行"和"出行链"。

1.1　城市轨道交通、高速铁路和民用航空高速发展

近 20 年来,我国城市轨道交通、高速铁路和民用航空高速发展(图 1-1)。按照官方公布的信息,截至 2023 年年底,全国(不含港澳台地区)共有 59 座城市开通城市轨道交通运营线路 338 条,运营线路总长度达 11 224.54 km,累计投运车站 6 239 座,2023 年全年累计完成客运量 294.66 亿人次,总进站量达 177.28 亿人次。以上海为例,2019 年全网客运量达 38.8 亿人次,日均客流达 1 063 万人次(不含磁浮线),其中工作日客流为 1 189 万人次,休息日客流为 789 万人次。自 1993 年 5 月 28 日地铁 1 号线南段通车以来,上海创造了世界城市轨道交通建设史上的奇迹。据 2024 年 3 月上海地铁官网显示,上海地铁运营线路已达 20 条,共设车站 508 座,运营里程共 831 km(含磁浮线,不含金山铁路)。同时上海地铁在建线路还有 16 条,在建里程共 482.2 km。根据规划,到 2030 年上海城市轨道交通线网总长度将达到 1 642 km,其中地铁线 1 055 km,市域线 587 km。

2023 年,全国铁路旅客发送量完成 38.55 亿人,比上年增加 21.82 亿人,增长 130.4%;其中,国家铁路发送 36.85 亿人,比上年增长 128.8%。全国铁路旅客周转量完成 14 729.36 亿人公里,比上年增加 8 151.83 亿人公里,增长 123.9%;其中,国家铁路 14 717.12 亿人公里,比上年增长 123.9%。全国铁路路网密度达到 165.2 km/万 km^2。截至 2023 年年底,我国高速铁路运营里程达 4.5 万 km,稳居世界第一。

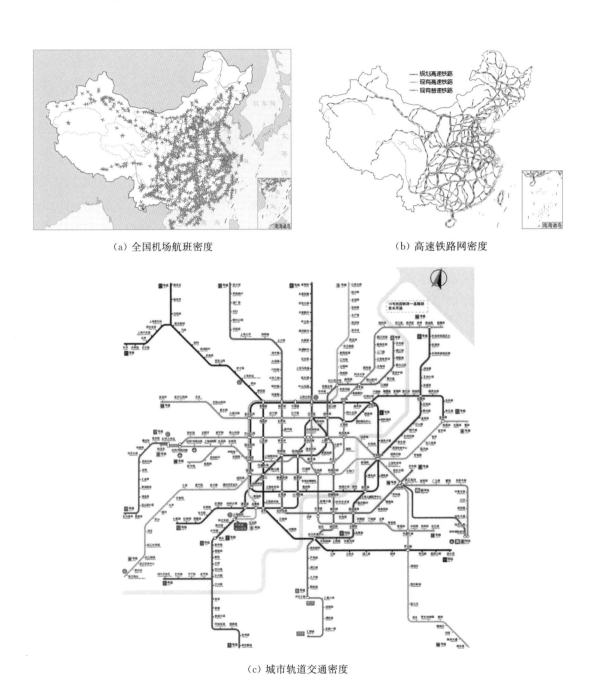

（a）全国机场航班密度

（b）高速铁路网密度

（c）城市轨道交通密度

> **图 1-1** 全国机场航班密度、高速铁路网密度、城市轨道交通密度示意图

2023 年,民航全行业完成运输总周转量 1 188.34 亿吨公里,比上年增长 98.3%;全行业完成旅客周转量 10 308.98 亿人公里,比上年增长 163.4%。全行业完成旅客运输量 61 957.64 万人次,比上年增长 146.1%。截至 2023 年年底,我国共有运输航空公司 66 家,其中国有控股公司 39 家,民营和民营控股公司 27 家。在全部运输航空公司中,全货运航空公司 13 家,中外合资航空公司 8 家,上市公司 7 家。共有定期航班航线 5 206 条,国内航线 4 583 条,其中港澳台航线 65 条,国际航线 623 条。定期航班国内通航城市 255 个(不含港澳台地区),国际定期航班通航 57 个国家的 127 座城市。至 2023 年年底,我国共有颁证运输机场 259 个。全国民航运输机场完成旅客吞吐量 12.60 亿人次,比上年增长 142.2%;完成货邮吞吐量 1 683.31 万 t,比上年增长 15.8%;完成起降架次 1 170.82 万架次,比上年增长 63.7%。

我们看到,上述大运量、高速交通运输方式都是在改革开放后,特别是在近 20 年内得到高速发展的,其发展速度之快,让我们目不暇接,甚至措手不及。应该说,我们的城市规划师、交通规划师们还没有准备好相应的理论和方法。

1.2　大运量公共交通将给城市(群)空间结构带来巨大冲击

不同时代都有代表自己时代的交通方式。在中国的农耕时代,最有代表性的交通方式就是秦汉时期开始建设的驿道和南方自然发展起来的漕运。进入工业化时代以后,有了航海,铁路运输也开始出现;到了工业化阶段的中期,高速公路、集装箱运输和管道运输开始兴盛。改革开放以来,我们国家在半个世纪内走完了西方发达国家约 200 年的发展之路,现在面临的是一个不同时代的各种交通方式并存的现实状况,国内的道路上既有小汽车、集卡,又有拖拉机,甚至还有马车、牛车。但是应该清醒看到,我们社会的交通主体方式现在正处于向高铁和航空迁移转变的时代,大城市内部则以城市轨道交通为代表。总体来说,我们处于工业化阶段的后期,代表性交通方式是城市轨道交通、高铁和航空。同时我们的一只脚已经踏入了后工业化阶段,综合物流系统、新交通系统已经出现,以无人驾驶技术为代表的后工业化阶段的交通模式已经来到我们面前(图 1-2)。

不同的交通方式带来不同的城市发展模式。漕运时代,长江与汉水的交汇成就了汉口,长江与大运河的交汇成就了扬州,泾河与渭河的交汇成就了西安。海运时代,哈德逊与大西洋的交汇成就了纽约,长江与东海的交汇成就了上海,珠江与南海的交汇成就了广州、香港、深圳。铁路时代,京汉铁路与正太铁路的交汇成就了石家庄,京广铁路与陇海铁路的交汇成就了郑州。在铁

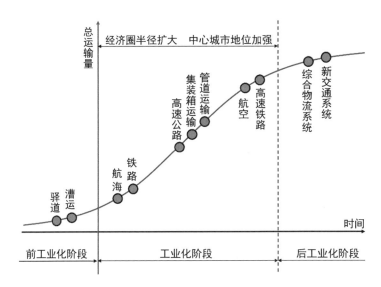

> **图 1-2** 不同时代有不同的代表性交通方式

路出现之前，人类所有的交通方式都是小运量的，几乎都能实现门到门的服务。这些小运量的交通方式大体上只能带来"单中心"的城市和匀质蔓延、"摊大饼"式的城市发展模式（图 1-3）。而以城市轨道交通和高速铁路为代表的大运量交通方式所带来的就是完全不同的城市景观：以多条轨道走向为城市发展轴、以车站为市镇中心的"穿糖葫芦"式城市发展模式（图 1-4）。

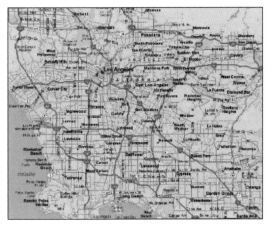

> **图 1-3** 小运量（汽车）交通方式带来的城市发展模式

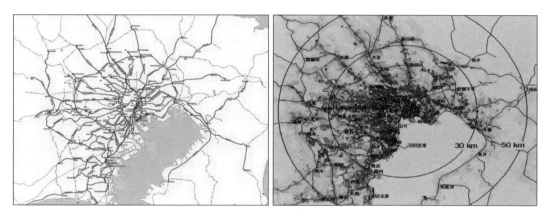

> **图 1-4**　大运量(轨道)交通方式带来的城市发展模式

随着城市轨道交通、高速铁路和民用航空的飞速发展,我国进入了以地铁、高铁和航空为代表的高速、大运量交通方式的新时代。今日中国,高铁、航空已经成为大众出行的首选,中心城市的机场、车站聚集了越来越多的文化与经济要素,对城市总体规划和产业布局的影响越来越大,正带动着城市经济与社会的高速发展,从而也必将带来我国城市空间结构和区域城镇体系的快速重筑。如何在地铁、高铁和航空的时代取得成长优势,让我们的城市能够赶上高铁和航空发展的大潮,关键就取决于在这些高速、大运量交通方式的交通网络规划建设中,能否成功实现城市空间结构、产业选址和居住布局的转型与升级。其转型升级成功的标志就是要实现"轨道上的大都会""铁道上的城市群""航路上的大中华"。

1.3 摆脱以"设施"为中心的思维惯性,聚焦于旅客"出行"研究

由于学科体系的问题,我国从事交通规划建设工作的人大多来自土木工程专业,因此我们过去做交通规划时往往会非常关注基础设施,实施规划的手段主要靠工程实施。事实上,长期以来,我们已习惯了以设施规划为核心的思维方式。现在甚至有人把道路立交也叫作枢纽,他们忽略了一个最基本的共识:枢纽是以人和物的换乘为基础前提的。

我个人对交通的研究也是从设施规划开始的,后来有机会参与运营工作以后,才逐步对运输感兴趣,开始关注设施的运营问题,这才发现"运输才是交通设施规划建设的需求所在"。再后来,经历了长期建设运营实践的积累和研究,我才认识到"交通的主体是人",关注的焦点应该是

人的"出行"行为，"出行"才是问题的关键所在。于是我把自己研究的重点聚焦到市民和旅客的"出行"上来，对"出行"这个词产生了极大的兴趣。随后的研究让我看到，人类的出行活动可以分为两大类：一类是从出发地到目的地只用一种交通方式；另一类是从出发地到目的地需要用两种以上的交通方式，这就会促发多种交通方式之间的换乘。于是，我把这种需要多次换乘来完成的一次出行活动，称为"出行链"。到最后，我认识到这种由一系列出行活动构成的"出行链"，才是当代社会大运量交通运输活动的核心、本质、要害所在，才是决定当代城市形态和城市结构的内在逻辑，是灵魂一样的存在。我们不把"出行链"研究清楚，既不可能规划好交通运输，也不可能做好城市空间规划。

进一步的研究还表明，"出行链"的形成与市民的居住和工作密不可分，也可以说，"出行链"取决于城市的住宅布局和产业分布。因此，"出行链理论"应该就是城市规划活动的指导思想之一。对于新城开发来说，交通先行往往会起到引导住宅开发和企业选址的作用。对于旧城改造来说，大运量公共交通设施的规划建设就是要服务好市民的日常出行，特别是通勤。对于城市群来说，就是要不断地拓展中心城市的"一日交通圈"，支撑区域经济的一体化。

总之，交通是城市空间发展的骨架，但是这个骨架的逻辑是出行链。因此可以认为："出行链"就是城市空间形成和发展的内在逻辑。交通的主体是人，是市民和旅客，交通的灵魂是"出行链"。

本章小结

在过去的 20 年中，中国在交通领域厚积薄发创造了人类交通发展史上的奇迹，以城市轨道交通、高速铁路和民用航空为代表的大运量、高速交通方式的快速发展带来了前所未有的出行便利，极大地拓展了我们的"一小时通勤圈"和"一日交通圈"，为社会资本、经济财富的创造奠定了坚实的基础，也必将带来城市空间结构、产业布局和居住变迁的快速发展。

作为城市规划师和交通规划师，我们应该摆脱以"设施"为中心的思维惯性，聚焦对旅客"出行链"的研究，针对大运量公共交通系统在城市和城市群中的运用，尽快创立新的城市规划和交通规划理论，提供满足时代发展需求的、新的城市规划设计方法论。

第 2 章

大都会新的出行模式：组合出行

工业化时代，随着城市经济社会的不断发展，城市规模越来越大、城市人口越来越多、职住分离程度越来越高、交通压力越来越大，于是在大都会地区，过去那种以个体交通为主、小运量公共交通为辅的交通结构，已经无法支撑工业化带来的城市的进一步扩张，更无法满足现代城市对效率和环境的要求。因此从 20 世纪初开始，全球范围内出现了以地铁为代表的各种大运量城市轨道交通。由于大运量城市轨道交通无法提供门到门的市民出行服务，市民完成一次出行需要使用两种或两种以上的交通方式，并在交通枢纽换乘，于是一次出行就变成了一个"出行链"。

我所说的"出行链"是指以出发地为起点，包含一个或多个中途换乘点，最终到达目的地的出行活动，这就形成了所谓的"组合出行"。组合出行是指通过多种交通方式完成一次出行的交通行为。它是基于大运量公共交通系统的，是与以小汽车为代表的从出发地到目的地只用一种交通方式来完成的出行方式相对立的（图 2-1）。

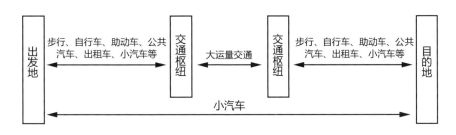

> **图 2-1**　城市生活中不同的出行模式

现如今，以城市轨道交通为代表的大运量公共交通体系，已经被确认是大都会交通问题的唯一解。虽然在过去的 100 多年中，在城市轨道交通规划建设与运营管理的各个方面，国际上已有许多成功的经验，但国内应该说还处于起步阶段。过去 20 多年城市轨道交通的高速发展，给我们留下了众多课题，需要我们根据中国的实际提出自己高质量发展的理论与方法。

2.1　基于城市轨道交通的组合出行

在城市轨道交通出现之前，我国的城市交通主要依赖于公共汽车和自行车。这两种交通方式可承受的出行距离有限，严重限制了我国城市规模的拓展，降低了城市运营的效率，影响了城市环境的保护。

一般认为，城市轨道交通的车站站距以 800～1 500 m 为宜，比公共汽车的 300～500 m 站距翻了一倍以上。虽然城市轨道交通的站距大大地扩大了，但是由于轨道交通有专用的通道和路权，它的效率更高，更可靠，更有运输保障能力，也更安全。一般来说，城市轨道交通一条线路的合理长度为15～30 km，断面通过能力可达每小时8万人次。与公共汽车相比，这使城市的尺度和密度（容积率）都得到了巨大的提升，大大扩大了城市发展的空间。

城市轨道交通一旦建成，以轨道交通车站为中心，在车站形成的辐射地区之内，城市交通结构将会发生巨大的变化。过去人们使用的公共汽车、自行车和步行都是适用于短距离出行的交通方式，轨道交通一旦投运，它们都会与就近的轨道交通车站发生关系，都会变成轨道交通车站的多种摆渡方式之一，例如人们不会再用自行车做长距离的出行，而只把它作为出行的第一种或最后一种交通方式。一次出行不再是由一种交通方式完成的，而是会采用多种交通方式，这就是我们所说的"组合出行"（图2-2）。

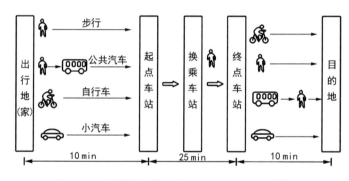

> **图2-2**   基于城市轨道交通的组合出行（一小时通勤圈）

有了轨道交通，公共汽车也往往会成为轨道交通的摆渡交通工具，为出行者到达轨道交通车站提供接驳服务。当然，出行者还可以通过步行、自行车、出租车、私家车、网约车等方式到达轨道交通车站（图2-2）。这就是所谓的"一小时通勤圈"。这种出行模式所形成的出行链理念运用到城市通勤之中，就会对出行链上的每一个细节都有非常具体的设计和服务要求。例如从家里出发到轨道交通车站的时间应该控制在10～15 min；要减少轨道交通网中的换乘；从轨道交通的终点站到目的地（工作场所）的时间应该越短越好；等等。特别要说明的是，在这个模式中，公共汽车是作为轨道交通车站的集散交通方式之一运营的，必须根据公共汽车运营的特点，保证其到站时刻的准确性和运营可靠性，因此其运营线路设计要合理、不可太长，车辆质量和车况都要好，并且要与轨道交通的运营时刻相对应，真正成为轨道交通的摆渡工具（图2-3）。

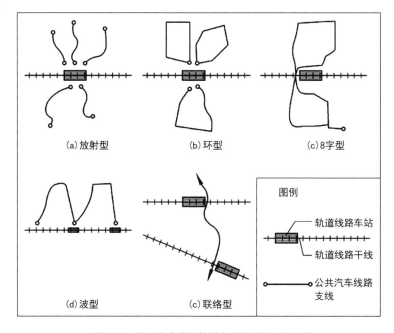

(a)放射型　　(b)环型　　(c)8字型

(d)波型　　(c)联络型

图例

轨道线路车站

轨道线路干线

公共汽车线路支线

> **图2-3**　公共汽车成为轨道交通的摆渡工具示意

在日本东京多摩田园都市地区,有一条城市轨道交通线东西贯穿其中,整个地区都以这条轨道交通线上的各车站为枢纽,组织各种交通方式的运营,特别是公共汽车很好地覆盖了所有的周边建成区。其规划与运营的规则大体上是:轨道交通车站按750 m左右的服务半径设置;公共汽车站按250 m左右的服务半径设置,每个轨道交通车站都规划建设了1~2个站前广场(图2-4)。站前广场的规划设计以满足各种交通方式的功能需求为目标,其建设规模和运营能力通过严格计算来确定。于是就形成了一个非常完整的以城市轨道交通为基础骨干,公共汽车负责喂给的综合交通体系①。

顺便说一下,在日本东京多摩田园都市地区的这个综合交通体系中,轨道交通、公共汽车、出租车等,都是由一个企业集团投资、建设、运营的,其设施规划建设所达到的便捷度、运营上的衔接顺畅度和服务标准的一致性等都是一流的。

我们相信,在我国已经建设运营了城市轨道交通的大城市、特大城市、大都会地区,都会出现

① 　参见:矢島隆、家田仁著《鐵道が創りあげた都市・東京》,一般財団法人計量計画研究所2014年出版。

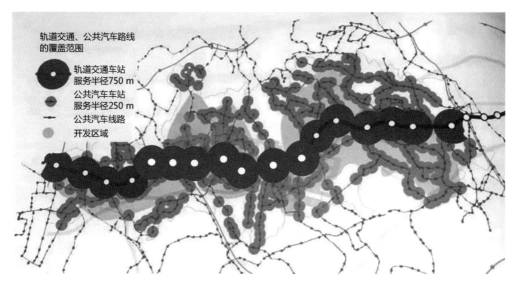

> **图 2-4**　日本东京多摩田园都市地区车站影响范围示意图

这种以城市轨道交通为骨干的组合出行模式。随着车站枢纽设施规划建设水平和换乘便捷度的不断提高，这种模式的优越性会逐渐显露出来，它必将成为高密度城市化地区最好的出行解决方案。随着大都会地区小汽车通勤交通状况的不断恶化和城市轨道交通网络的不断完善，这种基于轨道交通的组合出行，在通勤交通中所占的比例会越来越高，最终会彻底改变大都会地区的交通结构和空间景观。

2.2　"交通走廊"

所谓"交通走廊"是指以某一大运量公共交通系统为主体，包含其相关喂给交通设施和城市市政公用设施等，构成的带状复合系统及其所用的城市空间（参见图 2-4）。其中，大运量公共交通系统，一般是指城市中具有高能力、高效率、高标准的运输通道，本书中就是指各种城市轨道交通、普通铁路和高速铁路。喂给交通指与轨道交通和铁路换乘的其他各种交通方式。城市市政公用设施指水、电、气、通信、绿化等城市基础设施。之所以要"以大运量公共交通系统为主体"，是因为大运量公共交通具有高能力、高效率、高可靠度的特点，使交通走廊具备了很好的带动性、吸引力和综合性。

第一是带动性。以大运量公共交通系统为主体的交通走廊，在规划建设中往往都选址于具备区位优势的地区，吸引企业和人口入驻，从而带动各种城市功能的集聚，带来沿线土地的升值；同时大运量公共交通系统沿线的城市功能发展，又会补喂更多的交通量。

第二是吸引力。以大运量公共交通系统为主体的交通走廊，会吸引各种交通方式对其进行喂给，可以达到优化城市交通结构和交通运营模式的目的，从而实现整座城市更加合理的分层、分级、分区域的一体化交通运营。

第三是综合性。以大运量公共交通系统为主体的交通走廊，天生具备综合各种交通方式、市政基础设施和相关城市要素的能力。例如在一条城市轨道交通线路建设中，必然要征收沿线土地、修通沿线道路、开通水电气通信等市政基础设施、做好沿线绿化景观和历史文化保护、开发关联土地，等等。

现在，最常见的大运量公共交通系统在市区内部就是各种城市轨道交通系统，在大都会地区（又称都市圈）、城市群、区域规划尺度上则是普通铁路和高速铁路系统。而在市区外围被称为市郊的地区，有两种情况：一是将城市轨道交通外延服务市郊，这种情况下的大运量公共交通系统被称为"市域轨道交通"；二是在市郊采用铁路制式，这种情况下的大运量公共交通系统被称为"市域铁路"。在整个大都会用地范围内，我们最有可能规划建设交通走廊的就是市郊地区。在中心城区开始向郊区扩张的时候，为了避免"摊大饼"式的城市蔓延，我们就必须依托市域轨道交通或市郊铁路建设，抓住这一"窗口期"规划建设交通走廊。这些交通走廊最好能连接中心城区内的轨道交通环线，与城市轨道交通网形成便捷的换乘。

我在 1999 年完成的"上海城市交通与空间结构研究"报告中，就明确提出了上海市域交通走廊的规划建设想法①，并建议规划建设中心城至宝山方向，中心城至嘉定、南京方向及青浦、湖州方向，中心城至松江、杭州方向，中心城至奉贤方向，中心城至南汇、临港方向等六个方向的交通走廊（图 2-5），引导上海市郊的城市结构向以市域轨道交通和市域铁路为主导的核轴式发展模式转型，从而希望在外环线以外，彻底摆脱以方格网道路和小汽车为特征的"摊大饼"模式。

在这些交通走廊上，轨道交通还可以开行不同速度的列车，也就是可以运行快车和慢车。这种不同速度、不同交路的多种轨道交通运营方式，会让离城市中心区不同距离的城市化地区往返城市中心区，能够在时间上取得同等的出行效果，这又会使城市空间得到进一步的拓展。例如，距离市中心 60 km 地区的居民，通过乘坐快车，可以与距离市中心 30 km 地区的居民几乎同时到

---

①　参见：刘武君著《大都会：上海城市交通与空间结构研究》，上海科学技术出版社 2004 年出版。

达市中心。同时在这些快车的停靠站点,就会形成不同于一般车站的、较大的市镇和商业服务业集聚。

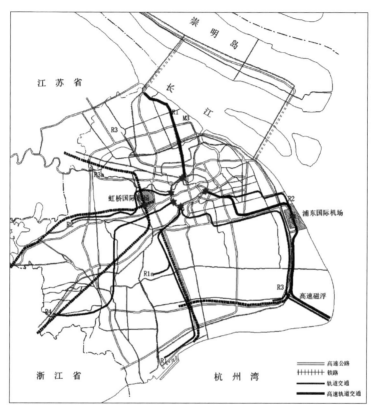

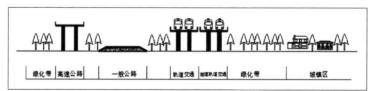

> **图 2-5** 《大都会：上海城市交通与空间结构研究》中规划的市域交通走廊示意

东京圈案例

在日本东京,都市圈主要交通走廊上的轨道交通都是采用多股道、快慢共廊的模式。例如在东京圈的东西大通道上就开行了以下各种列车(图 2-6,图 2-7)。

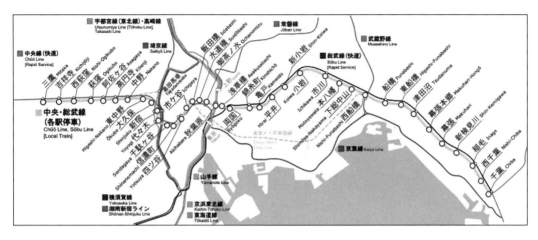

> 图 2-6　东京的东西大通道示意

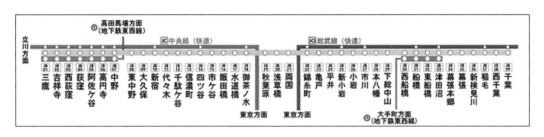

> 图 2-7　东京圈东西大通道上开行的快慢车示意

一、中央总武缓行线(黄色)。中央总武缓行线是以御茶之水站为连接站点,中央线和总武线直通运转的路线。车辆 LED 显示屏上不分运行地点与方向,统一以"中央总武线"显示(凌晨与深夜仅在御茶之水站以东运行)。车站月台的发车显示屏,在三鹰站与御茶之水站之间显示"中央总武线各站停车"或"中央总武线";秋叶原站与千叶站之间显示"总武线"各站都停车。中央总武缓行线全线长 60.2 km,10 辆编组,在三鹰站与千叶站之间运行,共设置 39 座车站,每天从早上 4：30 至第二天凌晨 1：30 每隔 4～6 min 发一列车,偶遇节假日还会 24 小时连续运行。

二、总武快线(深蓝色),与中央总武缓行线平行、共通道不共轨,在东京站与千叶站之间运行,共设置 8 座车站,最大 10 辆编组。该线还向东延伸运行到成田、铜子站,向西延伸运行到横须贺。从市中心的东京站直达新东京国际机场(成田)站的机场快线是与总武快线共轨运行的。

三、中央快线(橘红色)。中央快线与中央总武缓行线平行、共通道不共轨,在东京站与中野站之间运行，共设置 5 座车站。该线还向西延伸运行到三鹰、立川、高尾，甚至更远也可以直通运行。

再细说一下中央快线上各种不同类型的快车。中央快线所利用的中央本线前身为甲武铁道，是日本第一条民营铁路。甲武铁道于 1889 年创立，开业时经营来往新宿和立川的路线。经过多次扩张后，1906 年政府根据铁道国有法将其国有化，并与原有的官设铁道（八王子—上野原）连接，形成现在中央本线东段的雏形。快速列车于 1933 年首次开设，当时名为"急行列车"，运作模式与现在相似，但只在平日繁忙时间服务。1961 年改用现在的名称，到 1966 年开始全面提供全天服务。

现在，中央快线从东京站到高尾站长 53.1 km，共设置 24 座车站。中央快线的线路一直延伸至山梨县大月市的大月站，开行有直通运行列车。中央快线基本都是 10 辆编组，最高运行速度为每小时 130 km。目前中央快线通道上共开行了 4 种快车，分别是快速、通勤快速、中央特快、通勤特快（图 2-8）。

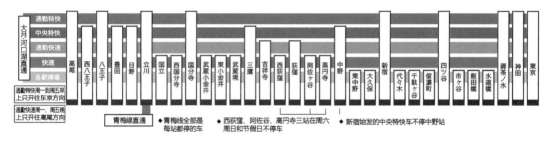

> **图 2-8**　东京圈东西大通道上开行的不同快车

乘坐各站都停的中央总武缓行线的旅客，从中野站到东京站需要 40 min 左右；乘坐快速列车从中野站到三鹰站之间的车站出发的旅客，到东京站也在 40 min 左右。同理，乘坐通勤快速和中央特快的旅客，从立川站到高尾站之间的车站到达东京站也不会超过 50 min。通勤特快提供了更高的旅行速度和更好的舒适性。

这就是我说的"以旅客出行为导向"的运行方式的典型，也是以市域轨道交通和铁路为主体的交通走廊规划建设的优秀案例。

换个角度来看，轨道交通可以开行不同速度、不同交路的列车，这就为城市空间的拓展提供了基础保障。与城市中心地区有不同距离的市郊开发区，能够在时间上取得同等的出行效果，这就保障了城市空间能够实现定向拓展。例如，广域概念的东京都，是一个南北 50 km 左右，东西超过 150 km 的一级行政区域（图 2-9）。为了让东京都的市民既能够到西部地区享受生态良好的郊野居住环境，又能便利地到城市中心区就业上班，政府在新宿向西的交通走廊上开行了 6 条不同的快慢线。在走出城市的既有建成区之后，该交通走廊分成了 3 支，分别通向多摩、小田原和江之岛方向（图 2-10）。

> **图 2-9** 东京都的行政区划示意

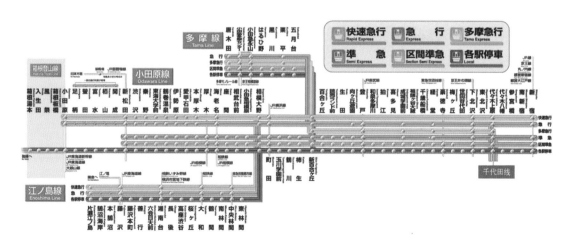

> **图 2-10** 新宿向西的交通走廊示意

从新宿出来，通过这个交通走廊，乘客可以直奔箱根、江之岛、镰仓等充满魅力的观光地，在这些地方，能感受到历史文化传统，欣赏到自然景色。箱根有以温泉和富士山为代表的自然美景，江之岛、镰仓等则充满了日本历史和文化气息，伊东以温泉、海鲜闻名，这里遍布日本的顶级观光地，被称为日本文化的故乡。沿途还保存了很多美丽的自然风景和日本式田园、山谷，是徒步郊游的胜地。在这里还必须提一下"浪漫特快列车"，它连接着在日本非常有人气的新宿和箱根、江之岛、镰仓等，全座位对号入座。乘客透过车窗不仅能遥望太平洋中的江之岛，如果天气好，还可以看到富士山。即使时间有限，也能从大都会中心的新宿下班后乘"浪漫特快列车"到达这些日本人心中的故乡，其舒适的环境和住宿能让人们在充分放松的同时还能品味日本文化。

可见，交通走廊是贯穿市内、郊区和城际的，它的高效运营会改变城市和城市群的时空关系，改变我们的工作、居住和游憩模式。

2.3　建立一个多层次的公共交通系统

在城市中完成一次组合出行，除了大运量的轨道交通、铁路系统，还需要一个以大运量公共交通系统的车站为中心的各种中小运量交通方式构成的旅客集散系统。交通系统发达的大城市、大都会正是建立了这样一个多层次、高度耦合的公共交通系统，通过该系统中各种交通方式的协同运营，才保障了大规模的组合出行。也就是说，大运量公共交通系统根据不同的功能定位和旅客出行需求，要求城市公共交通系统内部必须是分层次的，也必定会采用不同的制式、不同的运营模式。

通常，我们会根据不同的运行特点，将城市公共交通系统分为不同的层次，每一层次在公共交通系统中的功能定位是不同的。2012—2015 年，我曾经主持"珠海市公共交通发展战略研究"课题，提出了一个"分层公共交通发展战略"。我们将珠海的公共交通网络分为四个层次，即城际轨道交通(含铁路)系统、城市轨道交通系统、地面有轨电车系统和公共汽车系统。

珠海作为珠三角西岸的核心城市，高速公路系统已经完全整合到区域网络中。特别是在港珠澳大桥建成后，珠海在整个区域交通网络中的地位得到进一步的提升，直接成为"三角"中的一极。在对外交通方面，珠海主要依托规划的 3 条城际轨道交通与整个珠三角相连(图 2-11)：广(州)珠(海)城际线通过横琴延伸到珠海机场，广(州)佛(山)江(门)珠(海)城际线穿过整个西部新城，珠(海)斗(山)城际线与广(州)珠(海)铁路客运支线以及地面有轨电车等都已经纳入规划建设。

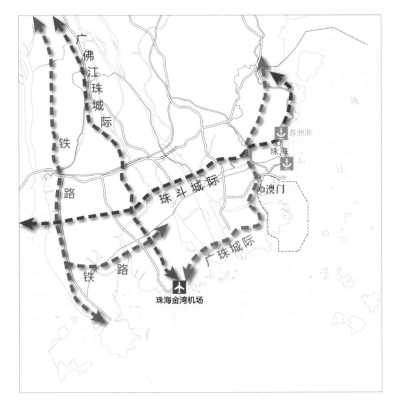

> 图 2-11　珠海城际轨道交通和铁路规划示意图

　　珠海公共交通网络的第一层次即快速城际轨道交通系统和铁路系统（图 2-12）。城际轨道交通线作为珠海与整个珠三角区域的衔接线，决定了珠海市"一日交通圈"的大小，因此，我们将城际轨道交通（含铁路）系统定义为珠海公共交通网络的第一层次。

　　在珠海市的公共交通规划中，广珠城际轨道交通、广佛江珠城际轨道交通、珠斗城际线及广珠铁路共同构成了珠海公共交通网的第一层次（图 2-12）。通过第一层次的城际公共交通系统，珠海的"一日交通圈"将覆盖整个泛珠三角区域、福建沿海城市群、长株潭城市群、桂南和桂北城市群，在琼州海峡铁路开通后甚至可以辐射琼北城市群。

　　第二层次即三条城市轨道交通线路建立起来的系统。珠海市内的城市轨道交通规划已经启动，如何整合城市轨道交通与城际快速轨道交通系统，形成珠海城市公共交通的骨干网络，并利用城市轨道交通和城际快速轨道交通系统引导城市开发及空间结构的重筑，将是珠海市公共交

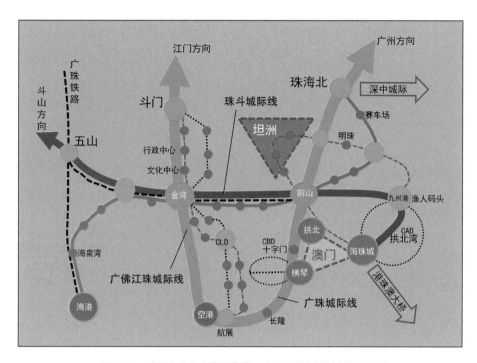

> **图 2-12** 珠海市公共交通网络第一、二、三层次规划方案示意图

通网络规划的重点。我们将城市轨道交通系统定义为珠海公共交通网络的第二层次。

我们规划通过市内的三条城市轨道交通线把东西城区及三个城市发展轴串联起来，并带动沿线的发展；通过城市轨道交通分别辐射东部城区及西部城区。

第三层次即城市分区（组团）内的地面有轨电车交通系统。珠海希望大力发展有轨电车系统，该系统站间距较轨道交通短、线路不宜太长，在各个城市组团的内部可以使用。所以我们将地面有轨电车系统作为珠海公共交通网络的第三层次。

我们在珠海横琴岛内规划了3条地面有轨电车线路，都进入横琴口岸综合交通枢纽；又在环拱北湾地带规划了一条地面有轨电车的环线，串联沿岸旅游观光设施、公共设施。另外，在珠海市区内，如西部新城等其他有条件的区域，或车道数较多的道路上，根据需求都可以再规划地面有轨电车线路，以取代有一定运量的公共汽车线路。

珠海公共交通网络的第四个层次就是各种公共汽车系统。公共汽车系统是为第一、第二层次进行喂给的短驳公交线路网，这些公共汽车线路都以轨道网的车站为中心来组织运营线路。

虽然公共汽车的运行受各种不确定因素的影响,但是它能够兼顾轨道交通系统依然无法通达的那些区域,同时为以上三个层次所形成的轨道网喂给、接驳,为旅客提供"最后一公里"的出行保障。

至此,基于"分层公共交通"概念的珠海市公共交通网络就形成了。通过这一网络,我们将珠海市内主要的口岸、交通枢纽及公共设施等串联在一起。每一层次根据各自功能的不同解决不同的交通需求,考虑与上、下一层的对接,并通过对不同层次公共交通所承担的功能进行区分,提高了整个公共交通系统的服务水平。

除了每一层次的公共交通方式各自履行其主要功能,在各个层次的交通网络叠加的过程中出现的各种交通方式的"交叉点"就是"综合交通枢纽"。这些枢纽同样是规划的重点,在规划建设时不仅要为各种交通方式预留建设运营的空间和条件,更要考虑换乘的便捷性及舒适性,这不仅与规划理念相关,更与管理体制相关。

在珠海公共交通系统发展战略研究中,我们提出通过"分层公共交通"策略建立起珠海公共交通网络系统,这是一个取各种交通方式之所长、有机整合的大系统。"公交优先、轨道为主"的客运交通体系,奠定了珠海拓展自己的"一小时通勤圈"和"一日交通圈"的基础。我们希望以轨道交通为骨架建立起来的这个公共交通体系,可以引导城市开发;希望由这样一个公共交通网络串起来的"核轴式"城市空间,能让珠海在快速发展中依然能够保护好优秀的生态环境,并使宜居城市的地位得到强化。

2.4　天津市多层次轨道交通系统发展战略研究

特大城市(大都会)的规划建设,必然会遇到多层次的公共交通系统问题,甚至是多层次的轨道交通问题。2003—2005 年,在参加"天津市城市发展战略规划研究"时,我们就针对天津的各种轨道系统提出了"天津市多层次轨道系统发展战略"。我们对天津的城市发展与轨道交通的情况做了认真的调查研究,结合轨道交通的功能定位、技术特点以及轨道交通与城市的关系,将天津的轨道交通分为国铁干线、城际铁路线、城郊铁路线、市域轨道交通线和市内轨道交通线五个层次,并针对这五个层次提出了规划建设的方案。

第一层次,立足长远发展,综合考虑国铁干线和门户型交通枢纽的设置。天津市区内的国铁干线担负着天津—北京、天津—上海和天津—东北三个方向的客运和货运通道的角色,并为天津港和秦皇岛港提供集疏运服务，主要分为高速客运、普通客运和普通货运三种运输类型。由于国铁干线运量大、通行频率高，所以线路应尽可能通道化，走城区外围，以保证线路的运行效率，降低时间损失，同时也减少线路与城市之间的相互干扰，减少高速列车、货运列车的噪声干扰，规避安全问题。其中，长距离客运干线有大量非以本市为目的地的旅客，没必要把他们运到市中心区的车站，所以长距离客运线路建议走城区外围，并在市中心区西侧规划建设大型综合交通枢纽，通过城市轨道交通网络与各城区相连（图 2-13）。

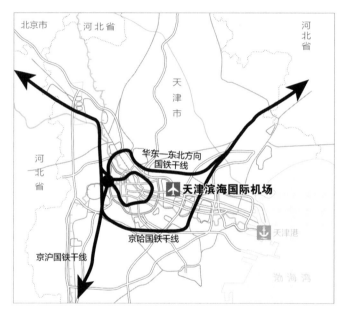

> **图 2-13**　天津国铁干线规划示意图

第二层次，建设京津唐、京津保城际铁路（又称城际高铁）线，促进京津冀一体化。城际铁路线的最大特点是公交化运行，它把区域之间分散的城市连成一个整体，强化了城市之间的联系与分工，增强了城市之间的协作，有利于区域一体化发展。城际铁路的技术制式一般采用高速铁路的技术标准，发车频率比干线铁路高、比城市轨道交通低；站间距比干线高速铁路短、比市域轨道交通长。城际铁路车站要尽可能接近市中心，通过与城市中心客运枢纽的连接，与市域轨道交通线、市内轨道交通线形成一体化的轨道网络，这样才能充分发挥城际铁路线的功能，为区域内的乘客提供便捷的、公交化的服务。根据这些原则，我们提出了京津唐城际线的规划设想：在北京，线路沿京津塘高速公路，过凉水河后，穿过五环，转向北沿双丰铁路走行；在双丰铁路与京通快速路交汇处，设置北京站，与北京地铁 1 号线四惠东站换乘。然后线路继续北上，形成两条支线，一支沿机场高速公路延伸至首都机场，设首都机场站；另一支沿机场高速向西南进入东直门交通枢纽，设置东直门站（图 2-14）。

> **图 2-14** 京津唐城际高铁规划示意图

　　第三层次，充分利用城郊铁路，疏解中心城区的人口和产业，推动郊区郊县的发展。城郊铁路是城市主城区与郊区各城镇，以及各区县之间相互沟通的重要交通方式，它是全市轨道交通网的一部分。城郊铁路应主要为市民上班出行提供客运服务，故国外有时也称通勤铁路。由于城郊铁路服务于人口密度相对稀疏的郊区，所以站间距比较大，列车的运行速度可以较高，多采用小编组、客货混行模式；也可以与城镇间铁路系统使用共同的线路。天津的城郊铁路主要有津蓟线、津浦线（一段）两条线路。通勤服务是城郊铁路的主要任务之一，所以线路要尽可能进入主城中心或换乘枢纽，减少乘客的换乘次数。天津这两条城郊铁路可以是客货混行的，客运线路可直接进入中心城铁路客运枢纽，而货运铁路线主要走城区和城镇组团外围进入各物流中心。城郊铁路作为一种有效的方式将郊区的蓟县、宝坻、静海、宁河等地，以及未来将要发展的郊区新市镇与主城区联系起来，为各郊区郊县提供便捷的通勤服务（图 2-15）。

> **图 2-15**　天津城郊铁路线规划示意图

　　第四层次，利用市域轨道交通线加强港城联系，形成带状的城市空间结构。市域轨道交通线承担主要城区间快速、大运量的客运任务，服务对象是市域内的乘客。市域轨道交通线将城市主要活动中心、城市对外交通枢纽、市郊主要城镇和市中心区直接相连。市域轨道交通线是城市公交结构的主要构成要素，提供市域的交通服务功能。同时，市域轨道交通线是城市中心区轨道网络结构的重要组成部分，线路常以径向线方式穿过城市中心区，具有轨道线网的骨架功能。市域线一般大、中、小编组都有，采用高频率运行模式，在中心城以外站间距比较大，站点的设置和城市的发展相结合；在中心城内站间距比较小，与市内轨道交通线相互连接，通常通过大型换乘枢纽或环线与市内线实现换乘。天津的市域线必须与城市发展轴协调一致；必须有助于加强各主要城区之间的联系；必须有利于促进沿线城市开发和经济发展，对城市多中心发展有着积极的作用。所以，建议天津规划 5 条市域轨道交通线，其中 2 条快速线路用于连接中心城和港区，1 条快速线路用于连接中心城和武清，2 条沿海岸的市域线，将宁河—汉沽、大港与滨海中心相连（图 2-16、图 2-17）。

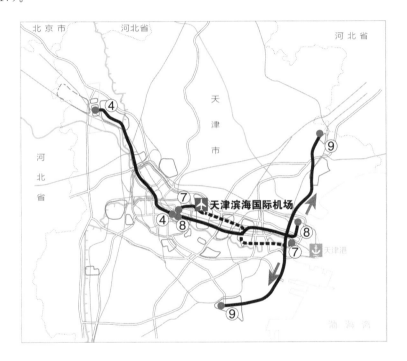

> **图 2-16** 天津市域轨道交通线规划建议

　　第五层次，大力发展市内轨道交通线，构建中心城区高效的综合交通体系。天津的市内轨道交通线是为中心城区提供服务的轨道交通线路，主要服务对象是城市内部的乘客。市内线网中有地铁和轻轨两种线路形式。地铁线路穿过市区最为密集的地带，以径向线形式连接市区内主要活动中心。轻轨线路主要在城市内密集度相对低一些的地带，起到补充轨道线网的作用。市内线一般采用大编组、高频率运行模式，站间距较小，形成放射状与环线相互结合的网络，承担城市密集地带的公交化客运任务，有效疏解市区地面的交通压力。市内线承担着天津主城区、滨海

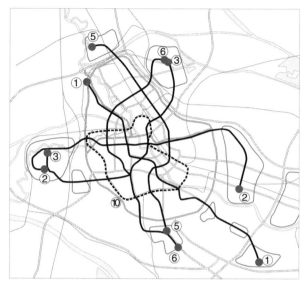

注：图中数字为线路编号。

> **图 2-17**　天津中心城区和滨海新区的轨道交通规划示意图

区和各组团内部的客运交通任务。天津的市内线可分为两部分：一是中心城区，建议设 1 个环、5 条线和 1 条新机场专线，其中 3 条线形成骨架网络，再加上环线和另 3 条线形成基本客运网络。另外，中心城周围的杨柳青组团、大寺组团、小淀组团保证各有 2 条线路接入，这样不仅有利于网络资源的整合，也有利于客流波动的修整。二是滨海新区，建议通过一条 H 形的轨道基础设施，运行 6 条线路，实现以 H 形的市内线和市域线的延伸线覆盖全区（图 2-17）。

最后就是要因地制宜地规划建设城市组团内的中小运量公共交通设施。城市组团内的中小运量公共交通是为以上大运量轨道系统喂给的公共汽车短驳线路。这些公共汽车线路都以上述轨道网的车站为中心来组织运营线路。

上述五类轨道交通系统设施的建设，将进一步推动天津城市空间以空港、中心城、海港为三大核心，发展成为东西向带状结构（图 2-18）。城市开发还会进一步向轨道交通站点周围集聚，核轴式城市空间结构会加速形成。这与天津城市规划希望沿京津轴、津滨轴发展的战略是一致的。

上述天津轨道交通网络的规划方案中，各个线路系统的功能定位明确，在使用上分工清晰，不同功能的线路承担着不同的交通需求。服务于全国的国铁干线、服务于区域的城际铁路、服务

> **图 2-18**　天津市多层次轨道系统发展规划示意图

于市域的市域铁路和市域轨道交通，以及服务于中心城区的市内轨道交通五类系统相互补充、相互配合，它们的功能将得到充分的发挥。过境的国铁干线走城市的外围，减少国铁与城市间的相互干扰。城市内部交通与城市空间发展相结合，连接城市各个主要区域，提高城市内部沟通的效率，而城市内部的轨道交通将成为各城区间客运的最主要方式。

本章小结

　　"组合出行"的好处就是能够充分发挥城市轨道交通大运量、高可靠性、节约城市资源等优势，实现大都会出行活动的舒适、绿色、高效、安全。其实由于大都会、大城市的人口和建筑密度极高，城市空间资源紧缺，城市交通问题突出，"大力发展城市轨道交通，规划建设并运营好城市交通走廊，引导交通结构调整，实现更大程度的组合出行"，已经是公认的大都会发展的唯一选择。

在城市空间不断扩张的大都会地区，只有建立并完善一个多层次的公共交通系统，通过各种轨道交通方式的协同运营，才能保障大规模的组合出行，才有可能维持大都会在城市空间的每一轮拓展之后，其"一小时通勤圈"还能够覆盖全域，从而支撑大都会的可持续发展。

第 3 章
基于轨道交通的城市空间再筑

纵观人类几千年的城市发展史,城市轨道交通的出现才160年。但是城市轨道交通的大运量、准时性、高可靠度一举改变了城市发展的方式和面貌,成为大都会社会经济运营的支撑骨架和血脉。随着我国人口城市化进程的加速和城市经济总量的高速增长,我国有一大批城市已跨过轨道交通规划建设的门槛,开启了轰轰烈烈的城市轨道交通建设的新时代。

然而,城市轨道交通与过去的交通方式有着巨大的差异,基于轨道交通的新城开发和旧城改造都有其固有的发展规律。在城市空间的再筑过程中,轨道交通走廊、交通枢纽和车站地区的TOD开发(以公共交通为导向的开发)是三大关键要素。城市的拓展与更新往往都呈现出"轨道交通走廊＋交通枢纽＋地区中心"的空间结构模式,呈现出"核轴式""穿糖葫芦""葡萄串"等定向发展的规律,呈现出疏密有致、山水共存的城市景观。

有了轨道交通,城市终于可以伸展开来了!

3.1　"轨道交通走廊＋交通枢纽＋地区中心"模型

城市轨道交通一旦建成,其线路和车站就无法更改,这样就能使其投资者对城市基础设施的投入获得更大的可靠性和确定性。于是以城市轨道交通车站和站前广场为核心,在不断的改造和新建中就会形成新的人流、物流、公共设施、商业设施等的集聚,从而形成不同的城市地区中心(图3-1)。车站和站前广场一般包含停车与上下车设施、出租车设施、线路公交设施、自行车场、步行通道、休憩设施等。周边设施主要有公共设施、商业设施、商务设施、娱乐设施以及其他一些关联设施,最常见的有超市、餐饮店、剧院、俱乐部、诊所、夜校等。如果是两条以上轨道交通线路的换乘车站,这种集聚会更加明显,规模也会更加巨大(图3-2)。于是沿着轨道交通线路的方向,城市空间的发展模式就会发生彻底的改变,由过去道路交通支撑的那种平面的、均匀的("摊大饼")发展模式,逐步演变为以轨道交通线路为轴的轴向发展模式。也就是说,我们可以利用轨道交通在合适的地方设站,将城市的产业密度、建筑密度、人口密度和商业布局等作出一系列调整,以各车站为核心集聚相关设施,最终城市空间会沿整个轨道线路呈现出"轨道交通走廊＋交通枢纽＋地区中心"的发展模式。

轨道交通开通运营以后,市民会逐步养成主要依靠轨道交通出行的习惯,城市空间结构会开始变化,车站附近用地的开发强度就会提高,各种城市公共要素都会向各个车站集聚。这种集聚表现为建筑密度、人口密度、商业服务设施密度从车站周围地区向车站中心地区快速提升。车站500～600 m半径内,会以车站为中心集聚商务、商业、服务、零售、文化、娱乐、会展等不同功能,最终形成不同特征和

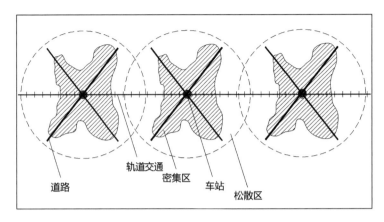

> **图 3-1**　城市轨道交通车站的枢纽形成和城市集聚

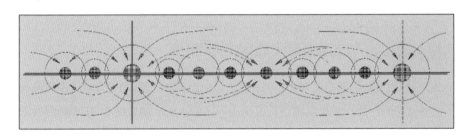

> **图 3-2**　城市轨道交通沿线的城市集聚

服务不同人群的城市副中心、亚中心。在这种模式下，以城市轨道交通走廊上的各车站为核心，车站周围地区就会形成市政公共设施集聚的市镇中心，这种空间结构与单一交通方式出行（比如小汽车）的城市空间景观是截然不同的（图 3-3）。

　　在大都会地区，以各车站为核心的集聚还会表现出不同功能的城市中心设施的个性特征，会逐步出现文化设施集聚的车站、年轻人集聚的车站、电子产品店集聚的车站，等等。这样一来，就能从根本上改变城市千篇一律的面貌。

　　在上海市轨道交通 1 号线、5 号线郊区段的发展过程中，我们可以非常明显地看到"轨道交通建设""车站周围地区的发展"和"高度集聚的发生"这样三个阶段。上海市轨道交通 1 号线在规划建设之初，从上海南站到外环路站之间还有许多农田，建筑密度很低。1 号线通车运营 5 年之后，其沿线地区的土地开发项目已经满布，开发强度不断提高（图 3-4）。显然，城市结构发生了急剧的变化，几乎所有的城市要素都在向轨道交通的车站集聚。

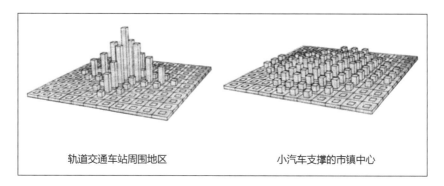

轨道交通车站周围地区　　　　　　　小汽车支撑的市镇中心

> **图 3-3**　轨道交通与小汽车形成市镇中心的不同景观

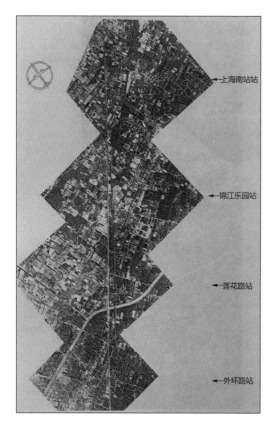

（a）轨道交通 1 号线规划建设之初

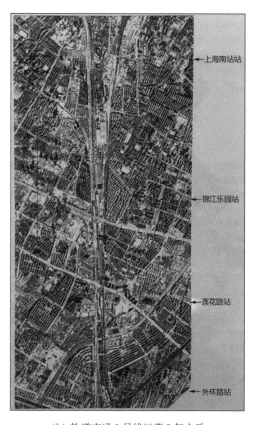

（b）轨道交通 1 号线运营 5 年之后

> **图 3-4**　上海市轨道交通 1 号线郊区部分运营前后沿线土地开发情况的变化

表 3-1 所列是 2001 年上海市轨道交通 1 号线莘庄站南广场的数据，可以看出，离车站越近，其地价、房价越高，容积率越高，人口密度也越大，这种上升的趋势日益明显。了解了这一规律，我们做规划时当然要进行相应的调整，城市发展政策也要做出相应的引导和管控。

表 3-1　上海轨道交通 1 号线莘庄站南广场开发情况（2001 年数据）

地段		A	B	C	D	E
位置特征	离站距离(km)	0～0.8	0.5～1.0	1.0～2.0	2.0～3.0	2.5～4.0
	最大步行时间（min）	7	5～12	12～22	22～40	30～60
	公共汽车乘车时间（min）	步行	4	6	8	10
开发情况	毛地价(万元/亩)	100	80	60	50	40
	容积率	2.5	1.8	1.3	1.3	0.8
	居住人口密度（人/m²）	540	450	390	420	120
	房屋平均销售价（元/m²）	4 200	4 000	3 200	2 900	3 700

上海市轨道交通 5 号线实际上是从 1 号线继续向郊区延伸而来的（图 3-5）。伴随着 5 号线的选线和规划建设，沿线的 TOD 开发进展迅速。5 号线开通运营时，第一轮开发建设已经完成，沿线土地的城市化和"穿糖葫芦"式的城市空间结构已经初步形成。

另一种发展情况是围绕既有城市建成区选线建设的城市轨道交通车站开展的。在这种情况下，轨道交通线路往往会在既有商业地区、商务地区和高密度居住地区等通过并设置车站，很快就会集聚各种城市要素。于是，城市更新自动展开，城市空间也会呈现出"轨道交通走廊＋交通枢纽＋地区中心"这样的城市空间模式。例如安徽芜湖市的轨道交通 1 号线、2 号线的一期工程就是这样的案例，两条线都是在中心城的既有建成区域内选线设站的（图 3-6）。

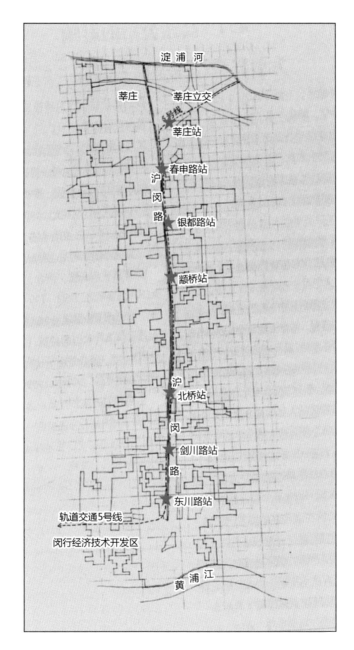

> **图 3-5**　上海市轨道交通 5 号线开通运营时的沿线土地开发情况

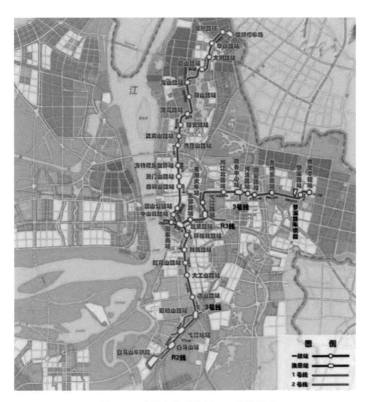

> 图 3-6　芜湖市轨道交通 1、2 号线概况

这种向轨道交通车站的集聚还会伴随着其车站周围地区的房价不断上升（图 3-7）。房价是衡量地区人口密度、建筑密度、商业密度等的主要尺度之一，当然也是衡量这些"地区中心"类型、级别和成熟度的重要指标之一。

当城市轨道交通网络形成的时候，这个城市的空间结构就被彻底锚定了（图 3-8）。其实，这就是与组合出行相适应的新的城市空间结构。

上海的轨道交通基本网络（图 3-9）在中心城（外环内）范围内，以轨道交通车站为圆心，其 600 m 服务半径内的人口覆盖率为 47%，面积覆盖率为 29%。如果规划市域线以 2~3 km 设一站，服务半径以 1 000~1 500 m 算的话，轨道交通在中心城区以外地区的面积覆盖率可能只有 15%~20%，而其人口覆盖率会在 50%~60%。这就是说，轨道交通的建设不仅会改变上海中心城区的空间结构，还将催生大都会地区的轴向发展。在沿市域轨道交通的发展轴上，集聚中心城区以外的大多数人口，不仅保证了城市空间的轴向发展，同时也为轨道交通的运营提供了稳定的客源。

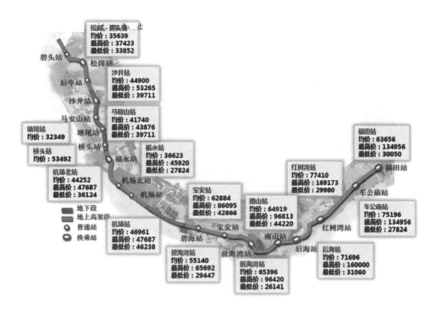

> **图 3-7** 深圳市轨道交通 11 号线沿线房价(2017 年数据)

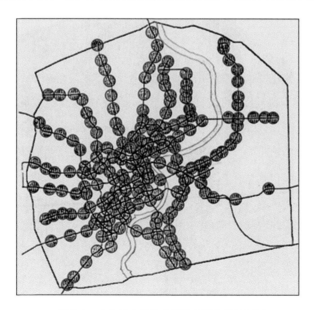

> **图 3-8** 上海城市轨道交通基本网络(2010 年)

> **图 3-9**　上海市域轨道交通示意图

　　如果没有轨道交通的建设，上海是不能够摆脱"摊大饼"式发展模式的。而如果不能摆脱"摊大饼"这种城市用地规模不断外溢的、低层次的扩张，那么大都会的空间结构优化就无从谈起。正是高速、准时、大运量、高密度的轨道交通提供了"时间与距离相结合，用地规模与强度相结合"的轴向发展模式成立的基础。因此，可以认为，没有轨道交通就没有轴向扩张，没有轴向扩张也就没有大都会的空间结构。从这个意义上讲，我们在做城市轴向发展地带的规划时，多为轨道交通系统今后的发展留出充足的可能性是非常必要的。比如，在现有市域轨道交通的走廊内预留以后增建更高速轨道系统的空间，待轴向发展到更远的地区后，为这些更远地区的居民提供更加快捷的交通方式，即轨道交通的"快车"。

3.2　以轨道交通车站为中心的新城开发和旧城更新

　　在上述"轨道交通走廊＋交通枢纽＋地区中心"模型中，"轨道交通走廊"是指以某一大运量交通廊道为主体,包含其相关喂给交通和市政公用设施等构成的带状复合系统。其中,大运量交通廊道,一般是指城市中具有高能力、高效率、高标准的运输通道。本书中就是指城市轨道交通、铁路和高速铁路。

在"轨道交通走廊+交通枢纽+地区中心"模型中,"交通枢纽"通常是由车站、站前广场和周边设施构成的大型综合性公共设施群。站前广场一般由交通功能设施和环境功能设施构成,包含小汽车停车与上下车设施、出租车设施、线路公交设施、自行车场、人行设施、休憩设施、绿化以及其他一些环境景观设施等。作为地区中心的车站,其周边需要开发的设施主要有公用卫生设施、商业设施、商务设施、娱乐设施,以及其他一些关联设施,最常见的有超市、餐饮店、剧院、俱乐部、诊所、办公楼、夜校、宾馆、公寓等。

在"轨道交通走廊+交通枢纽+地区中心"模型中,由于轨道交通车站的规划建设或改造而带动的周围地区的开发,被称为 TOD,即"以公共交通为导向的开发(Transit Oriented Development)"(图 3-10)。

> **图 3-10** 无锡(左)和上海宝山(右)的地铁 TOD 项目

3.2.1 TOD 的分类与开发利益

从车站在城市中的位置来看,TOD 项目可以分为两类,一类是新城的 TOD。新城 TOD 是用交通的发展来引导城市的拓展,沿着交通轴形成城市的轴向发展模式。在这种空间发展模式下,要注意的是把不同定位、不同规模的交通枢纽紧密地联系在一起进行整个城市空间的规划设计。

另一类则是位于已有城区里面的 TOD。这时候,TOD 依然存在,这种情况下可以定义为交通引导城市更新的 TOD。其项目开发要特别注意两点：一是要注意车站枢纽和已有的城市结构的关系，要与已有的城市结构、交通结构做好整合。就是说新的开发不要"偏离"已有的交通节点，开发与交通枢纽的关系结合得好坏，会影响项目的成败。二是要有相应的资源投入或资源拓展才能够保证开发的成功。一般在这种既有的建成区域，难就难在要发掘开发利益。所谓TOD，它的落脚点是开发，即"D"，因此必须有充足的开发资源。举个例子，上海虹桥综合交通枢纽就是因为调整了原有的基础设施用地的性质，一部分基础设施用地变为商业用地，这样一来就有了开发所需资源上的增量，项目开发方在推动这个项目的时候就比较有动力。如果没有增量，那项目开发完成以后，开发方无法获得商业利益，也就缺乏市场动力。如果开发的是一个亏损的项目，推动起来就会非常困难。

在增量方面，除改变用地性质以外还有一个办法，就是要有新增的土地或者是新增的容积率。例如日本新宿站的 TOD，一个很重要的资源投入就是日本国铁公司释放了其过去占用的土地。另外一种就是释放容积率，例如日本东京站的开发。原来的东京站所在地是一座保护建筑，周围地区的开发限制比较严。东京站八重洲出入口附近地区在开发过程中，利用了"特例容积率适用地区制度"，将东京站站厅没有利用的剩余容积率转移到两侧的 6 栋建筑中（图 3-11），从而实现了高强度的双塔开发；再利用"综合设计制度"确保了基地内的开放公共空间，也获得了容积率的提升。

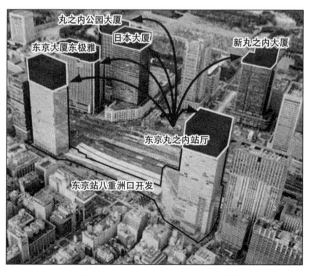

> **图 3-11**　日本东京车站地区的 TOD

总之,旧城更新和新城开发是不一样的。旧城的 TOD 必须有新增的资源,要不然的话,项目在推进的过程中肯定会遇到方方面面的障碍。也就是说,仅仅是优化交通设施并不是 TOD;只有通过交通设施和市政公用设施的更新和优化带动商业设施的开发建设,才是 TOD。

3.2.2　TOD 的开发思路和规划设计原则

TOD 使更多的城市要素向车站附近集中,这会让轨道交通在城市生活中的地位更加突出,会让轨道交通在城市出行中所承担的比例更大,这就给轨道交通提出了进一步提高效率的要求。正好,轨道交通也是能够满足这种要求的。

轨道交通可以有快慢之分,不同的速度还会产生不同的时空概念,也因此改变城市土地的价值,影响城市公共设施的集聚。在这种发展模式下,在城市轨道交通的快车站、多条轨道交通线路交汇的枢纽车站就会形成更大的集聚。以这些枢纽车站为核心的公共设施集聚,就会形成更大规模、更高层次的城市中心,这些城市中心服务不同尺度的车站周围地区。

通过对国内外大量实例的分析研究发现,这个所谓"车站周围地区"的半径通常在 500 m 左右。这也正好吻合城市轨道交通的设站规律。

在这个接近 1 km² 的区域内,**TOD** 最核心的开发思路在于优先处理好基地内的交通问题。例如使沿线整条轨道交通线路研究与物业开发研究同步进行;对人流和车流进行详细规划,提高交通枢纽与城市的衔接效率;尽早规划慢行系统和人行天桥系统,以及通过接驳公共汽车扩大辐射范围等。解决现状场地的交通问题是 TOD 的重要出发点,在开发过程中,要注重整体考虑和统一规划,全面考虑开发的各个环节,做到开发策略、策划、规划和设计思路的同步进行。

TOD 规划设计的原则在于以人为本和轨道优先。以人为本是 TOD 设计最重要的原则,是 TOD 成败的关键。"以人为本"的最重要措施就是要做到人车分流,创造一个安全舒适的步行环境,提升人车的流动性和便捷度。轨道优先是 TOD 设计的另一个重要原则。轨道交通相比其他交通方式,运载能力更大,运行时间更加稳定,在 TOD 设计中应该优先考虑这种公共交通方式。此外,还需要提升轨道交通与其他交通方式换乘的便捷度,创建多层平台、优化换乘通道,等等。

TOD 要尽可能采用集轨道交通投资、建设、运营和沿线物业开发、运营于一体的综合开发模式。香港的轨道交通 TOD 项目大量使用这种开发模式已经超过 40 年,在该模式下,香港特别行政区政府在规划新的线路过程中,可选择不对轨道交通直接投资,而是把轨道沿线的土地资源开发权出让给开发商香港铁路有限公司(简称：港铁公司),同时按未规划建设轨道交通前的市场地价标准收取地价,港铁公司就能以较低的价格获得开发权。获得开发权之后,港铁公司通常与其他的地产开发商合作开发地块,也可能自己单独开发地块。开发的项目包括商务楼、住宅楼、商业设施、酒店、学校等多种类型,形成功能多样的社区。这样一来,港铁公司利用土地的溢价,通过租赁业务,就能够基本收回轨道交通建设运营的成本,并且实现盈利。在这里,特区政府和港铁公司通过投建营一体化,实现了站产城一体化。

综上所述,一个好的 TOD 项目必须：①"搞定"车流,即各种交通方式进出顺畅、界面清晰、布局合理、运营高效;②"搞定"人流,即旅客进出方便、换乘便捷,要有人车分离、环境舒适的步行系统;③"搞定"现金流,即做到建设投入有来源,运营的成本与收益相平衡,最好有盈利,实现可持续发展。

3.2.3 大都会的不同区域应该有不同的组合出行模式

根据"轨道交通走廊＋交通枢纽＋地区中心"模型,上海未来的空间结构将会形成以车站为核心的一系列不同的"地区中心",这些地区中心是有个性的、形式多样的,它们同时具备高层次的综合性的城市功能和所在地区之独有的历史、环境与地貌特征。这些地区中心之间,已不再有过去那种"中心—副中心—副副中心……"的等级概念和树状结构。一个较小的,或者是非中心城内的地区中心,完全可以利用轨道交通网络在某一方面成为全市性的中心。例如,以安亭站为核心形成汽车文化中心,以松江大学城站为核心形成高等教育中心等。同时,要真正形成一批个性化的地区中心,网络化的交通结构与通信系统是必不可少的。

截至 2023 年,上海轨道交通全网络(含磁浮线)运营线路总长已达到 831 km,实现了除崇明以外所有行政区均有轨道交通覆盖(图 3-12);车站数增至 508 座,内环线以内轨道交通站点 600 m 半径覆盖率达到 63.23%(根据 GIS 系统测算);轨道交通日均客运量达 1 003.04 万乘次,占城市公共交通客运总量的比重达到 76.2%。

接下来随着城市经济、社会的不断发展,上海城市中人们的出行量还会增加。对于不断增加的出行量,应该针对不同的区域,采取不同的应对措施,让轨道交通承担更大的份额。因此,根据城市总体规划的定位,通过对城市发展现状的研究,我们建议将上海全域划分为若干个区域,各区域采用不同的交通接驳模式和开发模式。

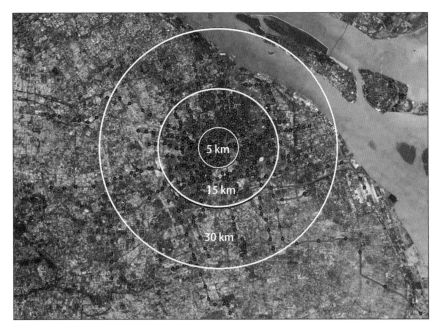

> **图 3-12** 上海城市轨道交通现状网络(2023 年)

第一类区域是内环以内及中环以内的黄浦江沿岸区域。该区域内倡导"步行加轨道"的出行模式。该区域内必须做到轨道交通或快速公交系统(Bus Rapid Transit,BRT)站点 500～600 m 半径全覆盖。对于该区域内还没有做到的地区,规划上必须进一步加密轨道线网,区域内不再新辟道路,不再建设停车场、楼。该区域内的车站和站前广场的建设应充分体现步行优先的原则,车站附近不建设集中的停车设施(包括大规模的自行车、共享单车的停车设施)。

第二类区域是内环以外、浦西外环以内、浦东中环以内的区域。该区域内倡导"自行车加轨道"和"公共汽车加轨道"的出行模式,原则上不再建设大规模的道路、停车场、停车楼。该区域内必须做到轨道交通站点 1 000 m(左右)半径全覆盖。该地区的车站和站前广场的建设也应保证步行、自行车、公共汽车与轨道交通便捷换乘,车站附近需要规划建设集中的自行车、共享单车停车设施。

第三类区域是中心城以外的交通轴(或城市发展轴)地区。该区域内同样倡导"自行车加轨道"和"公共汽车加轨道"的出行模式。该区域宜做到轨道交通站点 2 000 m(左右)半径的覆盖。该区域的车站和站前广场的建设应保证自行车、公共汽车与轨道交通的便捷换乘,但车站附近需规划建设规模较大、相对集中的停车设施,以满足城际和周围地区的 P+R(Park and Ride,即"停车＋换乘"）需求。

第四类区域是上述三类区域以外的广大郊区。该区域内要充分考虑"公共汽车加轨道"和
"私家车加轨道"的出行模式。该区域内应根据实际情况规划建设相应的道路网络，与轨道交通
的建设紧密结合建设停车场、楼，并为各种交通方式的换乘提供最大的便利。

上述方案的实质是根据城市总体规划的定位划分不同的区域，对不同的区域采用不同的交
通政策，通过发展以轨道交通为核心的"组合出行"，降低每车日均行驶里程，从而控制道路建设
的需求，达到保护城市环境、提高城市效率、促成 TOD 的目的。我们应通过不同的交通模式来支
撑不同的 TOD 项目，让每一个轨道交通和铁路的车站及其一体化的商业服务设施都变成具有自
身特色的城镇中心区的核心设施，从而带动城市的可持续发展。

3.3　基于轨道交通的城市空间发展战略

理解了基于城市轨道交通的"轨道交通走廊＋交通枢纽＋地区中心"这一大都会、大城市空
间发展的模型，我们就可以用它来指导那些即将成长为大都会的城市的规划建设工作。

珠海市城市总体规划为三条南北发展轴用一条东西发展轴串起各城市组团的空间结构。这
些城市组团采用的是大组团规划模式，各大组团各自相对独立（图3-13），其交通规划以不同等

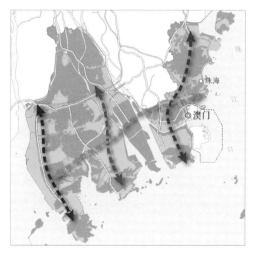

> **图3-13**　珠海城市总体规划与空间结构

级的大量城市道路来支撑,这是一种比较有利于个体交通方式发展的模式。这些城市道路所支撑的是沿线匀质发展的城市空间结构,也就是所谓的"摊大饼"式的发展模式。过去,大量的城市道路的建设所带来的是既有城市建成区不断地向外蔓延,而新区的开发举步维艰,非常困难。

　　我们对珠海城市发展战略的研究结论是:建议采用"公交优先、轨道为主"的客运交通体系。因为这样可以帮助珠海实现城市空间结构重筑,实现几代珠海人对良好山水环境的执着追求。

　　于是,我们为珠海规划了一个基于"分层公共交通"理念的公共交通网络规划方案(参见图2-12)。方案将珠海的公共交通分为四个层次,每一层次都应该根据各自功能的不同满足不同的交通需求并与上、下一层进行对接,同时通过对不同层次公共交通所承担的功能进行区分,提高整个公共交通系统的服务水平。

　　人们一旦接受了"公交优先、轨道为主"的理念,采用图2-12所示的轨道交通网络,珠海的城市发展模式也会随之改变。随着一条条轨道线路的建成,珠海就会逐步从现在的大组团式的发展模式向"链式"(核轴式)发展模式转变,呈现出全新的城市结构景观(图3-14)。

> **图 3-14**　珠海市基于轨道交通的城市空间发展战略

链式发展模式与轨道交通建设的关系，显然又是一个"先有鸡还是先有蛋"的古老问题。但是我们一定要保持清醒的头脑，记住小汽车的发展是不可逆的。没有轨道交通的建设，城市是无法摆脱匀质、"摊大饼"式的发展的。如果不能摆脱"摊大饼"式这种城市用地无序蔓延的、低层次的扩张方式，那么就无从谈论城市的合理空间结构。正是高速、准时、大运量、高密度的轨道交通，为我们提供了"时间与距离相结合、用地规模与强度相结合"的链式发展模式成立的基础。因此，可以认为没有轨道交通就没有链式发展，没有链式发展也就没有城市的宜居环境和合理的空间结构。

那么，我们认为珠海市所期待的发展模式之特征就应该是："以人为本、公交优先"的发展理念；"轨道为主、层次分明"的公共交通结构；"链式发展、环境共生"的城市空间。

3.4 深圳东部城市发展轴的再筑

2003 年，我们为深圳市龙岗区做了其轨道交通 3 号线的运量策划工作，这里介绍一下深圳轨道交通 3 号线的需求生成的策划过程。

深圳的总体规划做得非常好，获得过联合国教科文组织颁发的"联合国人居奖"。图 3-15 是深圳市当时的城市总体规划图，总体规划是由一个东西向的城市发展主轴和 3 个北向的发展轴构成的。北向三轴，一是龙岗方向的发展轴，二是宝安方向的发展轴，三是中间向北的发展轴。城市主轴实际上是深圳的中心城，这是一个沿海湾规划建设的东西向带状发展地区（图 3-16）。这种典型的带状城市发展方案最适合建轨道交通，但受限于当时的各种条件，原来的规划是大组团式的发展模式。

深圳轨道交通 3 号线初始的规划是往龙岗方向设置站点，经过 3 个大组团，即布吉、横岗、龙岗（图 3-15）。当时龙岗区希望启动这条轨道交通的建设，并实现从市中心到龙岗条线的一次建成。但市里相关部门不同意，理由是这条轨道交通线当时还没有运量需求。我们接到的任务就是要把这条轨道交通线的需求说清楚。这实际上是一个项目策划课题。

在我们开始课题研究之前，某铁路设计研究院已经完成了一个项目可行性研究，认为此时没有足够的运量、需求严重不足，没有建设一条轨道交通线的需要，开两条公交线路就可以了。这与龙岗区政府想通过积极发展轨道交通来带动区内经济社会发展的愿望不符。

项目策划工作启动后，我们首先对龙岗区的城市结构作了认真的研究，发现深圳虽然是带状

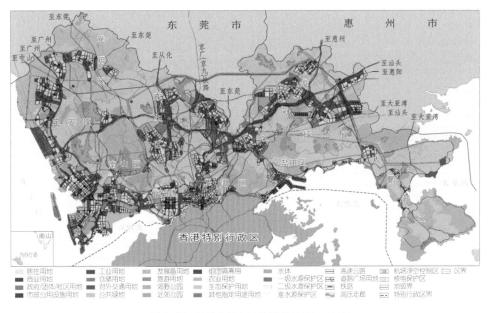

> **图 3-15**　深圳市城市总体规划(1996—2010)

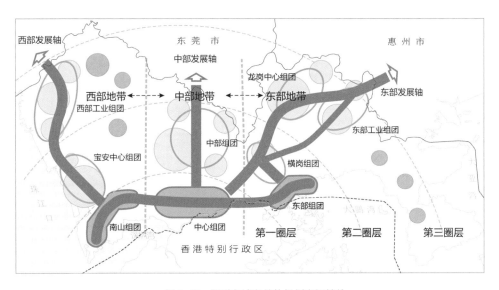

> **图 3-16**　深圳市城市总体规划空间结构

城市规划，但其大组团布局，规划思路是在组团内部平衡人口、就业，这样一来，由于组团比较大，人们可以在组团内完成工作、居住、学习、就医等，这导致组团内的居民走出这个组团的出行量非常少，因此轨道交通 3 号线的运输量就不足，这样一来"修地铁没必要"的结论就出来了。

于是，我们建议龙岗区调整城市空间结构规划，调整交通结构。我们建议将土地使用规划中的大组团改成多个小组团，将每条公交线路都直达中心城区的交通结构调整为"轨道交通为骨干交通＋公交摆渡"的交通结构；将大组团模式调整为核轴式的城市空间结构(图 3-17)。这样调整完成以后，轨道交通 3 号线的需求就上去了，运输量就有了。

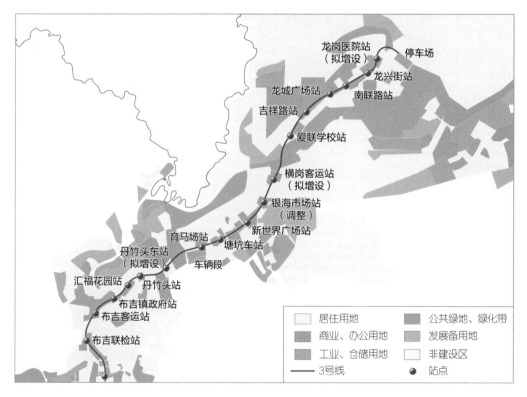

> **图 3-17** 深圳轨道交通 3 号线沿线规划调整建议

轨道交通 3 号线投运以后，每个车站周边都会集聚各种公共设施，发展到一定程度后，每个车站周围设施的功能就会开始出现分工。例如这个车站服装商店集中，下一个车站电器商店会集中，再下一个车站娱乐设施集中，等等。一方面，各车站周围的公共设施会自然分工；另一方面,也可以在规划上充分考虑,推动这种分工的发展。这个就是基于轨道交通的城市功能的发展规律的提案。抓住这一点后,我们就对轨道交通 3 号线所有车站的周围用地规划全部进行了调整,在每个车站周围都规划了一些商业用地,并将车站周围用地的容积率提高。

用地规划调整好以后,我们又进行了交通规划的调整。原规划对应的是一种交通方式完成一次出行的模式,这不符合轨道交通时代的要求。我们为 3 号线沿线的居民出行规划了一种新的组合出行方式。居民的出行可以是这样的:先从家步行或乘坐公共汽车、骑自行车、开小汽车等,来到离家最近的轨道交通车站;从车站乘轨道交通到想要去的车站,或乘到某换乘车站,再换乘到想要去的轨道交通线路上的某站,下车出站后再步行或以其他接驳交通方式到达目的地。出行方式变成这样以后,轨道交通的运输量就上来了。

在这个案例中,基于"轨道交通走廊＋交通枢纽＋地区中心"模型,我们的策划工作主要做了两件事情:

(1)调整城市土地利用规划。包括改变用地的功能性质、使用方式以及开发的密度和强度。措施包括:将原大组团式布局调整为核轴式带状布局;将商业用地和高密度居住用地与车站和广场,即交通用地相结合;划定商住综合性用地等,以提高居民的出行量。

(2)调整沿线地区的客运交通结构。措施包括:调整公交线路,使其与地铁的关系由竞争关系转为互补关系,方便乘客通过公交接驳换乘轨道交通;调整公路长途枢纽至 3 号线的最北车站,使深惠路上原有长途客流换乘 3 号线进入中心城;完善交通枢纽和各种方式的换乘设施,尽可能方便乘客换乘,以吸引更多客流。

我们的策划方案得到了相关部门的认可,客流问题解决后,轨道交通 3 号线很快开始了建设。

本章小结

城市轨道交通的建设给大都会的投资者带来了巨大的可靠性和确定性,并使"轨道交通走廊＋交通枢纽＋地区中心"的城市空间结构模式在城市轨道交通建设和运营的长时间里逐步形成和固化。基于组合出行的这种城市空间模式所形成的城市景观,与过去那种基于单一交通方式出行所形成的城市景观是完全不同的。

基于"轨道交通走廊＋交通枢纽＋地区中心"模型的 TOD,会锚固城市交通网络和城市空间结构。同时，大量地区中心的形成和强化会使城市商业商务、生产生活、文化娱乐等的面貌发生巨大变革，核轴式、网络化的地区中心将会重筑大都会的空间结构。

　　基于轨道交通的城市发展战略和过去那种基于道路交通的城市发展战略是完全不同的发展模式。显然，对大都会地区来说，基于"轨道交通走廊＋交通枢纽＋地区中心"模型制定的城市空间发展战略，具备更高的社会经济效益和更好的环境友好性，更容易实现大都会的可持续发展。

第 4 章
基于高铁和民航的组合出行

当下,"城市群"一词常上热搜。但什么是城市群呢?好像还没有统一的定义。我们姑且认为:城市群是城市发展到成熟阶段的最高空间组织形式,是指在一定地域内以一个及以上特大城市为核心,或由几个大城市依托发达的交通通信等基础设施所形成的空间组织紧凑、经济联系密切并最终实现高度一体化的城市集团。也可以说城市群是在一定地域上由若干特大城市(大都会)和大城市集聚而形成的庞大的、多核心、多层次的城市集团,是多个城市的有机联合体。

城市群形成的基础还是交通基础设施的规划建设,也就是说,城市群的骨架和血液依然是交通(基础设施)和运输(客流物流)。因此,我们也可以认为:城市群就是超出市域的、更广大地域的同城化。从经济和产业运营的角度来看,城市群也就是我们传统所说的同一经济圈,就是人们早上从任何一座城市到另一座城市去办事,当天晚上还能够返回的特定地域。从交通规划的角度来看,城市群就是指"一日交通圈"内的城市集团。

显然,交通基础设施的完善程度与运营效率是决定城市群规模和成熟度的关键要素。"一日交通圈"之所以如此重要,是因为它集中反映了交通运输的一体化程度、区域经济发展的高度、政策法规一体化的水平等诸多要素的情况。要在像京津冀、长三角、大湾区等这样高密度的城市化区域实现"一日交通圈",一个高速度、大运量的公共交通网络是必不可少的。也就是说,城市群内的城际铁路、城际高铁(又称城际客运专线)网,以及依此形成的众多门户型交通枢纽网络就是城市群成立的前提。

4.1 城市的内外交通与门户型交通枢纽

每种交通方式的使用者密度和合适的出行距离都是基本确定的(图 4-1)。例如步行的出行距离不能太远,但使用者密度很高,每次出行都会用到;骑自行车出行的合适距离会远一点,但使用者密度要比步行少一点;采用小汽车出行的话,合适的距离就更远了,使用者密度更低;公共汽车的使用者密度会高一些,城市轨道交通使用者密度更高,但它们基本局限于市内;长途巴士是一个"怪物",运量不大、使用者密度不高、运距不短;普通铁路的使用者密度高,出行距离也远;高速铁路使用者密度也高,出行距离更远;还有就是民用航空,使用者密度比铁路低一些,但出行距离比高铁更远,统计的时候人公里数很高。

当然,现实世界中还远不止这些交通方式。现在,在自行车与小汽车之间出现了摩托车;

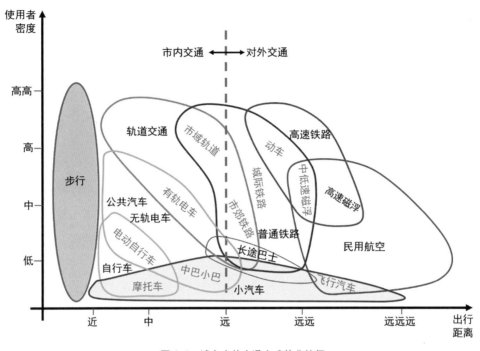

> **图 4-1**　城市内外交通方式的非特征

在公共汽车、无轨电车与自行车之间出现了电动自行车和中巴车、小巴车；在公共汽车与轨道交通之间出现了有轨电车；在普通铁路与轨道交通之间出现了市域轨道交通、市郊铁路、城际高铁等；在高速铁路与普通铁路之间出现了动车；在高速铁路与民用航空之间出现了高速磁浮；在高速磁浮与普通铁路之间出现了中低速磁浮；在民用航空与小汽车之间出现了飞行汽车；等等。

　　所有这些交通方式，可以按其在城市和城市群中的运用分为市内交通和城市对外交通两大类。除了个体交通方式比如小汽车等，其他公共交通方式都需要在城市的某一个地方实现市内交通与对外交通之间的换乘，需要为旅客提供一些必要的换乘设施。我们把这种为旅客在市内交通与对外交通之间换乘提供服务的基础设施称为"门户型交通枢纽"。上海虹桥综合交通枢纽就是这种门户型交通枢纽的典型代表。

　　按照虹桥综合交通枢纽的规划，它布置了长三角城际高铁、国家高速铁路、高速磁浮、民用航空和长途巴士等对外交通方式；同时作为城市集疏运系统又布置了城市轨道交通、出租车、网约车,以及多条公共汽车和社会车辆线路;等等(图 4-2)。

> **图 4-2** 虹桥综合交通枢纽的内外交通方式

　　据 2019 年统计,虹桥综合交通枢纽旅客集散总量主要来自三方面:一是机场、铁路以及长途巴士等对外交通的客流;二是为上述对外交通提供集散服务的市内地铁、公共汽车、社会车辆等交通方式产生的客流;三是枢纽工作人员以及地铁、公共汽车等吸引周边商务区工作人员产生的客流。虹桥综合交通枢纽日均进出客流量为 110 万人次,其中来自上海市外和市内的客流量分别为 52 万人次/d 和 58 万人次/d(图 4-3)。枢纽各类交通方式中,对外交通客流量为 48 万人次/d,枢纽通勤及周边地区换乘客流量为 10 万人次/d。地铁、公共汽车、出租汽车、小客车集散客流量分别为 31 万人次/d、2 万人次/d、10 万人次/d、15 万人次/d,地铁客流量占比超过 55%。

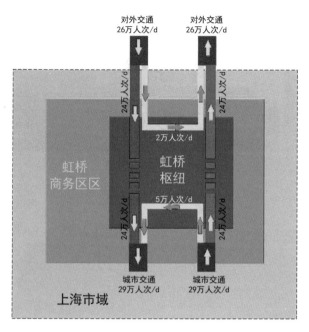

> **图 4-3** 虹桥综合交通枢纽 2019 年日均客流内外集散量分布

可以看出，虹桥综合交通枢纽的主要客流是进出上海市区的客流，只有少量旅客是把这一枢纽作为城市内的交通枢纽或城市群的交通枢纽来换乘的，这是典型的门户型交通枢纽的特征。同时还可看到，虹桥综合交通枢纽起集散作用的市内交通中，城市轨道交通是占主体地位的，这得益于枢纽建设者在规划建设阶段就高度重视大运量公共交通系统的作用，从一开始就认为城市轨道交通必须承担虹桥综合交通枢纽 50％以上的旅客集疏运量。根据项目规划时的旅客换乘量预测，城市公交(以地铁为主)与城际高铁和国家高速铁路的换乘量最大，其与虹桥机场 2 号航站楼的换乘量次之，与高速磁浮的换乘量再次之，换乘量第四位是机场磁浮、沪杭磁浮与城际高铁、国家高速铁路，其他的换乘量就小一个数量级了(图 4-4)。因此，在门户型交通枢纽的规划建设中，处理好对外交通与城市轨道交通的换乘关系是最核心的课题。

因此虹桥综合交通枢纽在铁路车站的地下、在虹桥机场 2 号航站楼和磁浮车站之间的地下各布置了一座地铁车站，两座地铁车站的上部都规划了公共汽车站和长途车站，并以此为中心在铁路车站前和机场航站楼前规划设计了东、西两个集纳了各种交通方式的换乘中心，很好地解决了虹桥综合交通枢纽作为门户型交通枢纽的内外换乘和集疏运问题。

	高速铁路	城际铁路	虹桥机场	机场磁浮	磁浮沪杭	高速巴士	高速公路	城市交通(地铁为主)
高速铁路		1 000~2 000	2 000~3 000	7 000~8 000	1 000~2 000	500~1 000	6 000~7 000	65 000~66 000
城际铁路	1 000~2 000		3 000~4 000	7 000~8 000	400~1 000	500~1 000	1 000~2 000	68 000~69 000
虹桥机场	2 000~3 000	3 000~4 000		2 000~3 000	400~1 000	3 000~4 000	7 000~8 000	34 000~35 000
机场磁浮	7 000~8 000	7 000~8 000	2 000~3 000		0	1 000~2 000	0	
磁浮沪杭	1 000~2 000	400~1 000	400~1 000	0		1 000~2 000	1 000~2 000	24 000~25 000
高速巴士	500~1 000	500~1 000	3 000~4 000	1 000~2 000	1 000~2 000		0	3 000~4 000
高速公路	6 000~7 000	1 000~2 000	7 000~8 000	0	1 000~2 000	0		0
城市交通(地铁为主)	65 000~66 000	68 000~69 000	34 000~35 000		24 000~25 000	3 000~4 000	0	

(单位:人次/d)

> **图 4-4**　虹桥综合交通枢纽规划对旅客换乘量的预测

4.2　基于高速铁路和民用航空的"一日交通圈"

当今这个时代的交通方式是以高速铁路和民用航空为代表的,城市的"一日交通圈"就应该由它们来定义。"一日交通圈"是指当天能够往返两地并完成工作的一次出行所覆盖的区域,即早晨从居住地城市出发到目的地城市后,完成 4 h 左右的工作,还能够当天返回居住地城市的一次出行所覆盖的区域。具体到这个高铁与航空的时代,就是用 45 min 左右从家里到高铁车站或机场航站楼前的一体化交通中心,用 15 min 左右时间换乘到高铁或飞机,去往目的地城市的门户型交通枢纽,然后换乘当地市内交通用约 45 min 到达目的地,开会或工作,然后再按原路径逆向返回(图 4-5)。这种当日往返的出行能够走多远,首先取决于城际交通能够跑多快(最多只能给 3 h 左右的运行时间);其次是利用市内集疏运系统到达门户型交通枢纽要控制在 45~60 min;最后就是门户型交通枢纽内的换乘便捷度问题(即旅客换乘在 15 min 左右必须完成)。

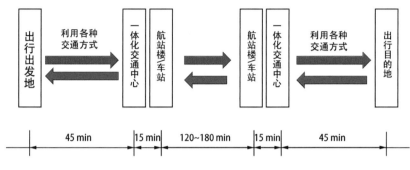

> **图 4-5**　基于高速铁路和民用航空的"一日交通圈"

不同的交通方式就是支撑城市空间拓展的不同的基础设施。也就是说，不同的交通方式对应支撑不同的城市用地半径（图 4-6）。例如步行每小时可以走 4～5 km，基本上只能支撑小城镇的发展；公共汽车每小时可开行 10～20 km，可以支撑中小城市的发展；地铁每小时旅行距离为 24～35 km，市域轨道交通旅行距离每小时为 35～45 km，能够支撑大中城市的发展；高速铁路和磁浮交通每小时旅行距离可达 300 km 以上，可以让 300 km 半径内的城市产生同城效应，能够支

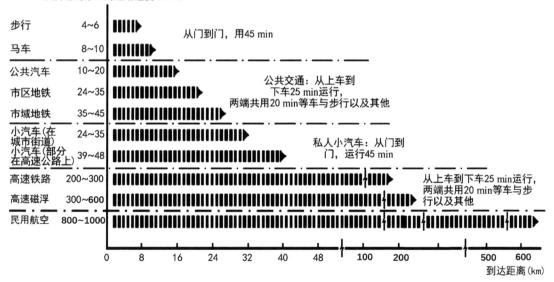

> **图 4-6**　不同交通方式 45 min 能够到达的距离

撑区域经济一体化的发展,可以作为城市群的内部交通;民用航空的时速为 $800\sim1\,000$ km/h,可以促进城市群之间的交流,支撑国家经济的一体化规划,甚至将周边国家纳入中心城市的"一日交通圈"内。因此,我们的城市和城市群的空间规划能够做多大,某种程度上就看交通工具能够跑多快。

我们之所以非常重视"一日交通圈",是因为对于一座区域中心城市来说,"一日交通圈"所覆盖的区域就是该中心城市的经济腹地。也就是说,对于中心城市的商务人士,当天往返能够跑多远,所在城市的经济腹地就有多大、城市的辐射能力就有多强。城市的经济腹地越大、辐射能力越强,城市的竞争能力就越强,其发展前景也就越好。这就是区域中心城市都醉心于提高其交通工具运行速度的原因。过去上海的经济腹地是杭嘉湖、苏锡常,现在虹桥综合交通枢纽通过高速铁路将长三角四大都市圈 15 座城市纳入了上海的"一日交通圈";通过航空,将全中国,甚至东亚和东南亚的一部分城市都纳入了上海的"一日交通圈"(图 4-7)。虹桥综合交通枢纽的成功使其成为门户型交通枢纽规划建设的标杆,于是我们看到全国各区域中心城市都在投入精力和资源,不断地努力扩大自己的"一日交通圈"。

> **图 4-7** 长三角四大都市圈和上海航空枢纽的辐射范围

为实现长三角城市群和机场群间的协调发展、协同运营、互补共赢，城际高铁网的规划建设至关重要。这种高效衔接能够在更大范围、更高层次上满足旅客便捷出行对陆空综合运输体系的融合要求，促进区域社会经济的一体化，推动长三角城市群更加开放地对接"一带一路"倡议，并使自己成长为具有全球影响力的世界级城市群。

长三角区域内已经开通运营沪杭高铁、沪宁高铁，沪湖宣高铁、南沿江高铁、北沿江高铁、沪通铁路、萧浦铁路等正在建设。2024 年 6 月，G8388 次长三角高铁环线开通，整个区域的城际高铁网络越来越成型了(图 4-8)。

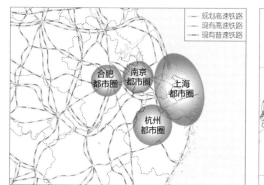

> 图 4-8   长三角城际高铁网规划与长三角高铁环线 G8388 次列车运行线路

同时在传统的宁沪杭区域发展轴上，已有合肥机场、南京机场、常州机场、无锡机场、虹桥机场、嘉兴机场和萧山机场；沿江沿海的扬州机场、南通机场、浦东机场、萧山机场、宁波机场、盐城机场、台州机场、温州机场等由于沿江沿海城际高铁的修建也被串联在一起，从而进一步强化了沿江沿海区域的发展轴。这两条发展轴又由于虹桥综合交通枢纽的规划建设，与上海的东西向城市发展轴联系在了一起(图 4-9)。

长三角机场群的协调发展很大程度上取决于机场间高效、便捷、绿色、环保的铁路连接，取决于机场航站楼与铁路车站的一体化程度。现在长三角的机场都不同程度地对接了高速铁路系统、普通铁路系统，都已经或即将成为不同规模的空铁枢纽，这使铁道上的长三角机场群等于乘上了飞驰的列车(图 4-9)。实际上，长三角的空铁枢纽群正改变着长三角的时空概念。毫无疑问，长三角的范围还在拓展，长三角的能级还将得到进一步的提升。

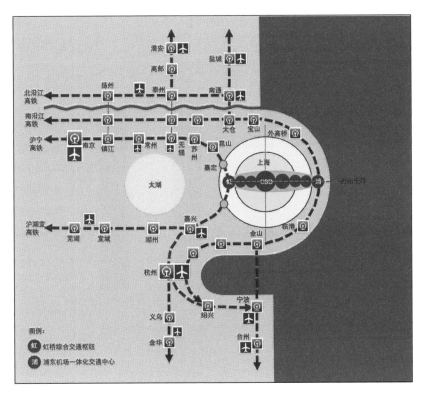

> **图 4-9**　长三角的铁路枢纽群与机场枢纽群

4.3　大运量对外交通的城市集疏运体系

　　门户型交通枢纽的一侧是城市对外交通，另一侧就是城市对内的集疏运系统。内外交通的换乘是门户型交通枢纽的核心功能。为了让旅客在门户型交通枢纽安全、便捷、舒适地换乘，就必须在枢纽设施的规划建设中最大程度地保障人车分离、快慢分离、动静分离、客货分离；同时还必须为旅客提供最好的商业、商务、餐饮、休憩、住宿等各种服务设施，以及应急、救援等保障功能。

　　门户型交通枢纽的对外交通通常由航空、铁路、长途巴士等构成。门户型交通枢纽的城市集疏运系统通常由城市轨道交通（含市域轨道交通、市域铁路等）、城市公共汽车、出租车、网约车和社会车辆等构成。不同的对外交通方式会对应各自不同的集疏运结构，而且这些不同的集疏运结构是不断发展变化的。我们最关心的是在这些集疏运结构中公共交通，特别是城市轨道交通所占的比例有多大，其变化趋势是什么样的。像虹桥综合交通枢纽这样城市轨道交通所占的比例超过50%，且逐年增加的案例，才是我们所追求的（图4-10，表4-1）。这是非常关键的数据，是我们判断门户型交通枢纽的规划建设与运营管理是否成功的重要依据。

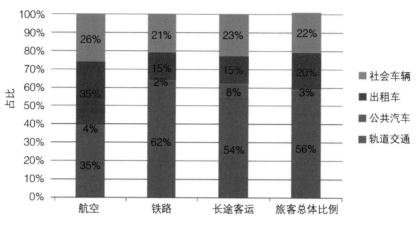

> **图4-10**　2018年虹桥综合交通枢纽集疏运结构

表 4-1　2015—2019 年虹桥综合交通枢纽各交通方式的客流量　　（万人次/d）

年份	对外交通				城市集散交通					总计
	航空	铁路	长途客运	小计	轨道交通	公共汽车	出租车	社会车辆	小计	
2015	8.7	26.2	0.90	35.8	20.4	7.5	7.9	9.6	45.4	81.2
2016	9.0	30.5	0.97	40.5	23.2	7.4	7.9	11.6	50.1	90.6
2017	9.5	34.2	1.02	44.7	25.5	7.2	9.0	13.1	54.8	99.5
2018	9.8	35.8	0.97	46.6	27.6	6.2	9.2	18.7	61.7	108.3
2019	10.2	37.6	0.92	48.7	29.3	5.5	8.9	18.5	62.2	110.9

　　在城市对外交通中，高速铁路和民用航空都是高速、高端、大运量的交通方式。为了提高城市集疏运系统中公共交通所占的比例，我们必须研究门户型交通枢纽中乘坐对外交通的旅客的出行规律和习惯，要满足他们对准时度、可靠度的要求，充分发挥准时、可靠、大运量的城市轨道交通在城市集疏运系统中的骨干作用。同时还要提高运行效率和服务水平，利用城市轨道交通

车站锚固城市公共交通网络,织好全市公共交通这张大网。由于公共交通一般情况下都不能提供门到门的交通服务,所以全出行链的交通服务就显得非常重要。这就回到了本书第 2 章所谈到的内容(参见图 2-2),这是门户型交通枢纽的集疏运体系规划建设的另一个课题,也就是要保证从城市的任何一个地点出发到门户型交通枢纽的时间,可以控制在 45 min 之内(参见图 4-5)。为了达到这一目标,虹桥综合交通枢纽规划建设了两座地铁车站,引入了覆盖城市东南西北广大区域的 5 条城市轨道交通线路(图 4-11),奠定了非常好的基础设施条件。

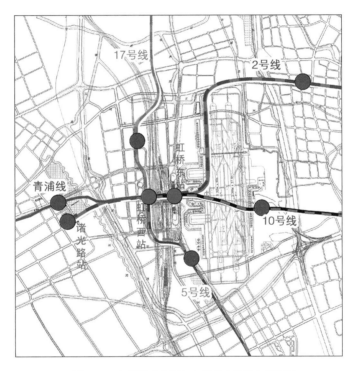

> **图 4-11** 虹桥综合交通枢纽的城市轨道交通规划

因此,基于城际间大运量公共交通系统的城市集疏运系统规划建设和运营管理的关键点就是:提高公共交通占比,特别是提高城市轨道交通在门户型交通枢纽的集疏运系统中所占的比例;提供旅客出行链的完整服务,特别要重视提供最后一公里交通服务,以保证居民出行时间可控,即从出发地到门户型交通枢纽和从门户型交通枢纽到目的地的时间可控。在这两个方面,虹桥综合交通枢纽都已经做得很出色,但与世界上的先进案例相比还有进一步提升的空间。

4.4　京津冀城际交通高质量发展研究

从目前的情况看，京津冀综合交通网络已经基本成型，各种主要交通方式在区域经济中已经发挥了重要作用。三地道路交通一体化持续深入，累计打通、拓宽对接路和"瓶颈路"2 000多公里，基本形成"四横四纵一环"的京津冀网络化综合运输通道格局（图4-12）。京津冀已基本完成国家高速公路网建设任务，过去的"单中心、放射状"路网结构得到有效改善。在高速铁路交通方面，京张高铁、京哈高铁、张唐铁路、石济客运专线、京雄城际等建成通车，与北京相邻城市间的铁路联系基本满足1.5 h到达北京的需求。在机场群建设方面，京津冀已初步形成以"首都机场＋大兴机场"为核心的机场梯队。

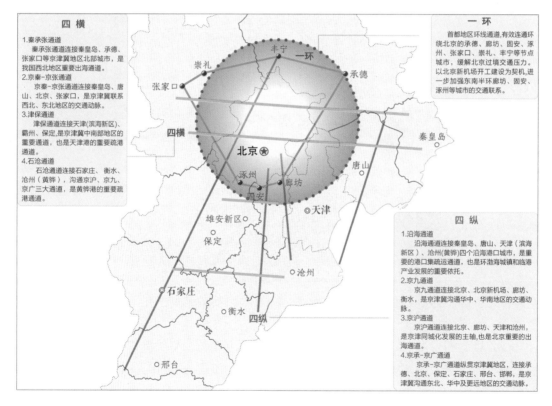

> **图4-12**　京津冀交通骨架示意图

当前，京津冀协同发展进入了新的阶段，交通一体化发展进入攻坚期，在发展理念、协调机制、土地资金、政策法规等领域的一些长期性深层次矛盾和问题显现出来。与京津冀综合交通高质量发展不相适应的问题，主要表现在综合交通网络布局与区域空间格局的适应度有待进一步提升，运输服务质量与区域旅客出行需求还有很大差距，一些跨区域、跨部门的重点项目和重要事项的协商机制还需持续完善，区域交通绿色化、智能化、安全化发展水平还需要进一步提高。其中一个突出的问题就是"进京难"！具体来说，就是缺乏高效、便捷的"城际高铁网"。

4.4.1　京津冀需要城际高铁网

针对京津冀一体化的发展现状和存在的问题，业内已经基本上形成如下几点共识：一是京津冀以"道路+小汽车"为主的区域交通模式已经明显难以为继；二是为应对以北京为代表的城市群核心城市的通勤时间不断加长的问题，即使将城市地铁网不断扩张，仍不能满足京津冀客运交通高质量发展的需求；三是京津冀大运量公共交通体系中网络层次发展不平衡，导致城市群内部的城际交通效率低下。

就目前情况来看，京津冀城市群的城际铁路、城际高铁没有能够在"一小时通勤圈"和"一日交通圈"的形成和拓展中发挥关键性作用。已经建成投运的京张高铁、京哈高铁、张唐铁路、石济客运专线、京雄城际等城际高铁存在三大问题：一是其建设模式和运行方式近似地铁，各自为政，不能组网运营；二是城际高铁车站不能到达城市中心区（旅客的目的地）；三是运行频率低，旅客使用不方便。

显然，"公路上的京津冀"对于高密度的京津冀城市群来说问题多多，是不可持续的。对于城市群的发展来说，道路交通必然带来"摊大饼"式的格局，以及各种功能分散、低效和日常运营需要消耗更多的资源等问题，都是高质量发展所不允许的。只有规划建设一个"城际高铁网"才可能满足京津冀"一小时通勤圈"和"一日交通圈"的需求，才能保障京津冀城市群核心城市北京、天津、石家庄的城市空间结构能够快速地向外拓展。因此，我们的结论是：京津冀需要城际高铁网！"高铁上的京津冀"才是京津冀城市群高质量发展的必由之路。

京津冀城际高铁网应该是连接京津冀三地所有城市的客运快速通道网。它的规划建设一定要做到：①在这个城际高铁网上的城际列车或市域列车应该采用小编组、高频率、网络化运营，以适应京津冀城市群"一小时通勤圈"和"一日交通圈"的大众出行需求。②该城际高铁网上的车站应该进入城市群核心城市京津石的市中心区，应该进入城市群主要城市的市中心区和新城中心。③该城际高铁网必须在城市群的每个城市都规划建设门户型交通枢纽。④该城际高铁网还必须在城市群内的主要城市公交枢纽、民用机场等人流集中地区设站。

京津冀城际高铁网应该完全不同于京津冀现存的国家高铁线网的布局和运营习惯，也不同于现在这种割裂的几条铁路的情况。铁路是多种多样的，随市场需求的变化而丰富多彩，但是组网运营是铁路区别于城市轨道交通的基本特征。我们应当为京津冀量身定制一个符合实际出行需求的城际高铁网。

4.4.2　城际铁路网与北京铁路环线

城际铁路要成为"一小时通勤圈"和"一日交通圈"的基础设施，就必须让旅客能够在城市群的各城市间高效穿梭，能够便捷地往返城市中心区。

下面以北京为例，探讨一下城市群的城际高铁网怎样接入大都会的市中心区。根据我们的课题研究，京津冀城际高铁网要把旅客尽可能快地送进各城市中心区有两个方案。

第一个方案是将每一条城际高铁线都接入城市轨道交通环线，让旅客换乘轨道交通环线到达目的地。这个方案旅客需要多次换乘，还要求城际高铁能够实现与城市轨道交通直通运营。所谓直通运营，就是为了减少各高铁线路与市中心线路或环线的换乘时间，铁路运营公司让外围线路与市中心线路贯通运营的业务。如日本东京都有10条地铁同普通铁路实现了跨公司跨区域的直通车服务，从而使列车的服务半径由市中心向外延展了50～100 km。如果是城际高铁，"一小时通勤圈"可以达到200 km以上。这样的直通服务可减少换乘的频率，也可缓解各大换乘站的拥挤程度，加强核心城市市中心区与周边城市的联系，节省乘客的通勤时间。该方案对旅客最方便，但现状情况下因地铁与城际铁路制式不同、运营主体不同，很难实现。同时，北京的地铁环线（2号线）并没有串联主要交通枢纽和商务中心，即使旅客换乘到环线也不意味着能方便地到达目的地。

第二个方案是在市中心区规划建设一个新的城际铁路环线（大深度地下线），将已有的商务中心、商业中心、金融中心、交通枢纽等人流量大的地点串联起来，并将京张高铁、京哈高铁、张唐铁路、石济客运专线、京雄城际等已建成的城际高铁接入（图4-13）。有了这个环线，各个方向来的城际铁路、城际高铁就能够进入市中心区，并且还能开行从天津经北京铁路环线去张家口的城际高铁，从首都机场经铁路环线去大兴机场的机场高铁，当然也可以利用环线换乘其他城际高铁和城市轨道交通。在这个方案中，所有城际高铁线在北京市域内原则上是不设站的，除非接入环线前遇到了综合交通枢纽；而且其在北京市域外也应该尽量减少设站。如果城际高铁线串联的城镇较多、车站多的话,应按分组、分交路等办法来规划建设与运营管理(参见本书第 2 章的 2.2"交通走廊"中对"新宿向西的交通走廊"的描述)。

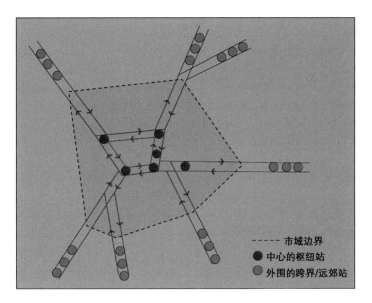

> **图 4-13**　北京城际铁路环线规划示意图

天津等城市群中的核心城市也同样有必要规划建设类似的铁路环线①。

4.4.3　京津冀城际高铁网(骨架)的规划设想

在京津冀城市群中有三个大三角值得关注:"京津唐""京津雄""京津石"。京津冀城际高铁网要特别注意处理好这三个大三角的线路布局和运营规律。显然,京津轴是交通密度和城市化密度最大的,它就是京津冀城市群的主轴,需要我们在规划中为未来多条城际铁路和城际高铁留下发展的空间。图 4-14 中标出了京津冀城市群的核心城市和主要城市,其他城市都应该接入这个城际铁路网。京津冀的这些核心城市和主要城市,还要规划建设好各自的门户型交通枢纽,实现城市轨道交通网与城际铁路网的便捷换乘。

①　参见:顾承东等著《建设枢纽功能 服务区域经济:天津交通发展战略研究》中的第 4 章第 4 节,上海科学技术出版社 2006 年出版。

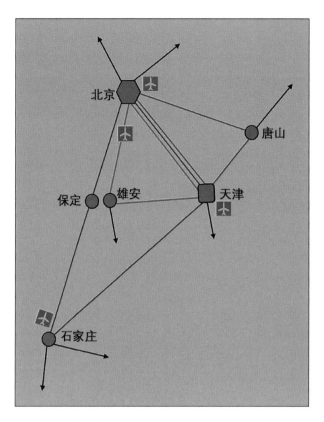

> **图 4-14** 京津冀城际高铁骨架规划示意图

　　图 4-14 中的交通走廊上都应该至少有一条城际高铁线，再下面的层次则可以是各种客运专线、普通客运铁路等其他运输方式。

　　"高铁上的京津冀"不仅意味着京津冀所有的城市都要通铁路，还意味着所有的公共交通枢纽都要进入这个城际铁路网，特别是所有的民用机场也要以不同的方式进入这个网，建成京津冀"铁道上的机场群"。每座机场都应该成为一个空铁枢纽，都要融入京津冀，都要参与整个京津冀航空市场的分工和协作。现状的京津冀各机场主要靠地面道路集散，航空出行只能就近选择机场，各座机场之间基本没有高效、可靠的公共交通联系；各自都有自己的小市场，但都无法辐射整个京津冀市场，也就无法形成相对清晰的机场运输分工。未来，一旦铁道上的机场群形成，京津冀的机场群就会被纳入同一个市场平台，通过不断地竞合调适，机场各自都会找到一种良性竞争前提下的功能定位和市场平衡。这样一来，京津冀机场群就将从"一极独大"转变为机场群整体的和谐发展,进化为由十多座机场共同承担京津冀的民航运输需求量。这就是京津冀"铁道上的机场群"的规划目标(表 4-2)。京津冀城际高铁网就是这个平台的骨架,"铁道上的机场群"将能够为京津冀城市群提供远远超过每年 3 亿人次旅客量的民用航空服务,就能够推动城市群空间结构的拓展和更新,"铁道上的机场群"将真正成为城市群经济社会发展的动力源。

表 4-2 京津冀机场群的容量规划

	机场名称	规划运量(万人次/年)	规划跑道数	备注
1	首都机场	8 000～10 000	5	
2	大兴机场	8 000～10 000	5	
3	滨海机场	6 000～8 000	3	
4	正定机场	4 000～6 000	3	
5	秦皇岛机场	2 000	1	
6	张家口机场	>1 000	1	
7	承德机场	>1 000	1	
8	邯郸机场	>1 000	1	
9	沧州机场	>1 000	1	
10	保定机场	>1 000	1	
11	北京西郊机场	>1 000	1	专用机场
	合计	≫30 000		

4.4.4 京津冀城际高铁网建设运营的政策支撑

为了推动京津冀城市群综合交通的高质量发展,必须尽快推进京津冀城际高铁网的规划建设和政策制度的建立和完善。

首先,要研究制定城际高铁网的规划建设引导政策。在空间上做一张真正属于京津冀协同发展的城际铁路网。这张城际网的节点能够与核心城市、重点城镇的空间规划对应,同时也要符合人们的出行链逻辑,并尽可能将跨城的工作生活组织在这张城际铁路网上。城际铁路网至少在车辆制式、网络特征、运行特征等方面有其独特性:车辆方面,车辆制式需要适应旅客快速上下车的大客流需求，同时又能灵活编组以适应不同区间段的客流密度。网络方面，要贴近城际客流交通出行量最旺盛的城镇，能够快速地直接抵离核心城市的热点地区，减少换乘。运行方面，要能够组织灵活多样的跨线运输，区分高峰与非高峰时段的停站运行模式，尤其是在高峰通勤时段，能够让同一轨道上的近远端旅客抵达中心城的时间基本一致。

其次，要研究灵活多样的运营扶持政策。允许不同城际铁路线路能够联网组织运行，通过运营协议进行调度协调，保障京津冀多个快速通道在外围的相对独立运行，在进入核心城市的市中心区后又能协调时刻运行，满足外围直达核心区的需求。同时要加强与京津冀主要机场枢纽的对接，规划建设一批空铁枢纽，让城际高铁网成为机场最主要的地面集疏运骨干网。

最后，要研究城际高铁网的治理支持政策。在城际网的组织结构上，应充分发挥地方在功能需求方面的主导作用，结合铁路技术特征，形成地方的行政监管制度。还要创新城际铁路企业投资、建设、运营的模式，大力促进投建营一体化，赋予城际铁路网投资运营企业更多有效资源，帮助其成长，争取早日进入良性循环。

本章小结

在基于高速铁路的组合出行中，交通廊道依然是城市群空间结构的骨架，但是门户型交通枢纽是非常重要的关键节点。在当今这个时代，高铁枢纽和机场枢纽则是城市群中各中心城市的最重要窗口和门户，同时也是城市和城市群中最有活力的现代产业集聚地。

我国的城市群空间尺度大、城市紧凑密集、人口密度大、产业密度高，没有城际铁路网、城际高铁网来支撑的话是不可想象的。由城际高铁系统支撑的"高铁上的京津冀""高铁上的长三角"甚至"快轨上的珠三角"才是我们的未来和目标，才是我国各城市群高质量发展的必由之路。

基于大运量公共交通的城市群运输系统，必须与大都会基于大运量公共交通系统的集疏运体系对接。也就是说，大都会的轨道网与城市群的城际高铁网一定要实现无缝对接，让旅客在门户型交通枢纽实现便捷换乘，从而最终完成两网融合，让城市和城市群都高效地运营在轨道上。

民用航空是城市群之间实现"一日交通圈"的保障，因此机场枢纽必须融入这张城际高铁网，而且应该让旅客航站楼尽可能与高铁车站整合，形成城市群中最高端的空铁枢纽，成为城市群的空中门户。

第 5 章

基于高铁和民航的城市群空间规划

我国现有的京津冀、长三角、珠三角三大城市群发展迅速,但支撑这些城市群居民出行的交通体系都还很不成熟。我国城市群的显著特点之一,就是人口密度极大。如果像西方国家的城市群那样主要依靠高速公路,显然是不符合国情的、不可行的,必须有大运量的公共交通体系来支撑。普通铁路由于速度较慢,会限制城市群规模和尺度的拓展,影响城市群高速运转的效率。幸运的是,正好就在这样一个时空点上我们有了高速铁路,有了这样一个高效、安全、绿色的大运量公共交通系统。

现在,由高速铁路制式建设的城际高铁(又称城际客运专线)已经在我国 14 个不同规模的城市群中快速发展起来。但与快速发展的城际高铁相适应,我国的城市群空间发展规划应该是一个什么样的模式呢? 我们需要认真研究基于高速铁路的城市群的旅客出行方式。每个时代都有其代表性交通方式和与之相适应的空间发展模式,我们必须尽快找到与城际高铁相适应的城市群空间规划理论和方法。

5.1 "城际铁路走廊+门户型交通枢纽+城镇中心"模型

世界各地城市群的景观丰富多彩、五花八门,其背后的内在逻辑是什么呢? 其实还是出行链,是"一日交通圈"中的旅客往返过程。具体来说,城市群的空间结构就是由城际交通构造的城市群骨架和连接这些骨架的节点——门户型交通枢纽,以及以这些门户型交通枢纽为动力源发展起来的城镇中心组成的。这是我们对基于大运量公共交通的城市群发展规律的总结,也是城市群的规划建设中应该尊重的规律。

5.1.1 基于高速铁路的城市群空间结构

依托城际高铁在城市群中采用组合出行模式,就需要许多交通枢纽来解决旅客换乘问题,这些换乘中心就成为这些城镇的门户,在这些门户型交通枢纽所在的地区就会集聚大量的人流,就会形成不同的城市或城市中心。例如在过去的一级公路沿线会形成一串大小规模不同的城镇,高速公路开通以后,会促成那些有高速公路闸口的城镇进一步地繁荣,而那些被高速公路抛弃的城镇就会逐渐衰落。其实从普通铁路到高速铁路,枢纽车站对城市发展的影响与上述从普通公路到高速公路的情况完全一样,高速铁路在哪座城市设站停车,就会为该城市带来繁荣发展。因此,基于城际高铁的组合出行在城市群和区域规划的层面上,呈现出"城际铁路走廊+门户型交通枢纽＋城镇中心"这样的城市群空间发展模型(图 5-1)。

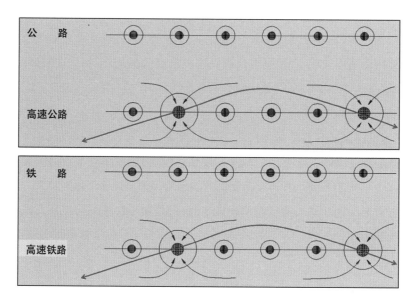

> **图 5-1** "城际铁路走廊＋门户型交通枢纽＋城镇中心"模型

　　在这个模型中，一方面，作为城市群大运量公共交通系统的主体，城际高铁网其实是城市群空间结构的骨架，如果再有普通铁路、公路、高速公路支撑，城际交通走廊沿线地区就会快速城镇化。城市群特有的交通走廊，即城际高铁走廊就是这样形成的。我们认为在这种走廊中集中进行交通基础设施建设，能够高效利用土地、减少环境公害、促进各种交通方式的互联互通、共享市政基础设施等相关资源，是城市群发展的优选方案、上上之策。

　　另一方面，每座城市都需要实现各种城际交通与市内集疏运体系的换乘，都会在高铁车站形成该城市的门户型交通枢纽，各门户型交通枢纽都会给所在地区带来大量的旅客流量，带来城市公共设施的集聚，形成新的城镇中心，形成新的城市，在区位较好的门户型交通枢纽地区甚至还会形成城市群的中央商务区(CBD)、公共活动中心(CAD)。这些门户型交通枢纽地区往往会成为这些城市现代服务业集聚的地区，成为城市经济社会发展的动力源。

5.1.2　高铁车站与高铁新城

　　作为门户型交通枢纽的高铁车站往往选址在靠近既有城市中心或城市新区中心的地方，因此枢纽周边地区应该优先发展相应的功能、规划建设相应的设施：第一是商务贸易功能，应在枢纽周边开发一批供出售、出租用的各种商务办公设施；第二是零售、娱乐、餐饮功能，应与枢纽建设结合，开发一批商业服务设施；第三是旅游、酒店等住宿功能，应在枢纽周边地区开发各种不同档次的住宿设施。

在枢纽地区次优先发展的产业，第一是铁路物流产业，可在高铁枢纽货运设施附近开发关联物流园区；第二是供应链关联产业，可在枢纽周边地区建设采购、结算、加工等园区；第三是高科技产业，可在枢纽附近发展高端制造设施。

高铁枢纽周边地区的开发要与城市的发展规划相结合，要认真研究清楚在这块地上能够具体开发什么样的设施，才能够更好地为城市经济服务。我们做过多个高铁枢纽地区的开发策划和专题研究，发现高铁枢纽地区最常见的开发设施如下：

（1）企业总部设施：吸引国内外特别是所在城市和区域的大型企业总部、运营中心、研发中心、销售中心、售后服务中心等的入驻。

（2）生产服务设施：发展枢纽服务业，包括大型购物中心、商业零售、铁路物流、快递、仓储、供冷供热设施等。

（3）金融服务设施：促进以拉动内需为主的金融服务业的发展，特别是促进各种消费金融服务业的发展，推进采购结算中心的形成。

（4）专业服务设施：开发咨询与中介服务、医疗、文化、教育培训设施，发展以光电子为代表的各种高端制造业、软件业等。

（5）创意产业设施：发展以电子媒体、美术、工艺品、设计业、时尚产业为中心的各种创意产业。

（6）会议展览设施：利用高效便捷的枢纽优势，提供各种会议服务，特别是为全国和大区域提供当日往返的"一日会议"服务，打造面向省域和全国的内向型贸易博览会、产品展销会、文化旅游产品博览会等。

（7）住宿娱乐设施：开发各种不同档次、不同特色的住宿设施和休闲娱乐等服务设施，包括宾馆、酒店、住宅、公寓、餐饮店、健身房、棋牌室、KTV 等。

以济南为例，济南西站位于济南市槐荫区，是京沪高速铁路、石济高速铁路和胶济客运专线的客运站，是京沪高速铁路五个始发站点之一。济南西站于 2011 年正式投入使用，就意味着济南与北京、上海的距离更近了，随后西客运站片区的规划建设全面启动。高铁新区的规划使济南主城区西部彻底摆脱了以往的"荒凉"景象,同时也加快了主城区整体转型升级和空间再筑的进程。

　　按照规划,以济南西站的建设为契机,高铁新区应充分发挥门户型"综合交通枢纽"对城市发展的催化作用,实现由门户型交通枢纽向枢纽型商业商务中心区的转化,并成为提升济南地位和形象的综合性城市副中心。为此,济南市制定了高铁新区土地使用规划(图 5-2),其空间结构为:一站、两轴、两心、多点带动。一站即济南西站;两轴是指东西向城市发展轴和腊山河文化轴;两心为 CBD 硬核核心和运动休闲核心;多点带动是指依托站点的 TOD 建设,建立多点的发展引擎,提升片区人气,带动周边发展。

> **图 5-2**　基于济南高铁西站的高铁新区开发规划

　　规划将高铁新区分为七大功能分区,即交通枢纽功能区:以高铁枢纽为核心,包括各类枢纽配套服务设施用地的区域;CBD 核心区:结合西站枢纽带来的巨大商机,在站前设置 CBD 商务区;文化休闲区:依托腊山河景观,建设文化休闲带,形成城市的活力区域;混合功能区:为保证未来更好的提升土地价值,在 CBD 周边区域设置混合功能;居住片区:设置在基地东侧片区;运动主题公园区:依托城市发展轴线东端的公园绿地,结合体育设施用地,建设主题公园,以此为绿地填充功能,提升城市魅力;特殊片区:即特殊用地。

5.1.3　航空港与航空城

在城市群中还有另一种门户型交通枢纽,即机场。所有的机场都会集聚各种交通方式,形成综合交通枢纽,诱发生产要素集聚。特别是大型枢纽机场的周围地区,会由机场的主要功能区,即航站区、货运区、机务区、工作区等,在时机成熟时向外进行产业链延伸,形成性质、规模不同的四大临空产业链,成为新的城市中心(图 5-3)。

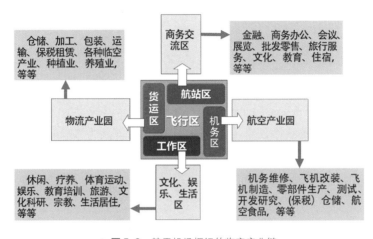

> **图 5-3**　基于机场枢纽的临空产业链

(1)以航站区为起点向外延伸的商务交流产业链。包括金融设施、会务会展设施、商务设施、商业零售设施、旅游设施、其他服务设施等,还可以进一步将产业链延伸出去。多数情况下,人流、资金流、信息流会以航站楼为起点,沿着陆侧集疏运系统的走向向城市方向延伸,与之相适应的设施群随之规划建设,从而形成临空产业中最重要的设施群,可以称之为商务交流园区。

(2)以货运区为起点向外延伸的物流产业链。这是与货运区相关联的,或者说是以货运设施为龙头的,包括各种仓储设施、包装设施、加工设施、制造设施、运输相关设施,以及相应的海关、边防、检验检疫、工商行政等设施。这是一个很大的产业链,这些设施集聚起来就会形成临空物流产业园区。

(3)以飞机的维护和运营保障为核心的航空产业链。包括机场管理与运营维护、航空公司运营维护两个方面的设施群。具体来讲,就是飞机的维修、改装、制造设施,零部件的制造、存储、测试、开发设施,以及以航空食品为代表的各种机上用品的生产、储存设施群和其他相关保障设施群。它们集聚就可以形成航空产业园区。

（4）航空关联的居住与生活服务、文化娱乐，以及高端的教育培训、科学研究等也会形成产业链。这一产业链在空间上与前面三大产业链的设施往往是关联在一起的。但当这一链上的设施具备一定规模以后，就会相对独立地形成一块区域，也可以称之为文化娱乐生活园区，即城镇。该园区最常见的是与商务交流园区形成一体化城区。

总之，机场的四大临空产业链都可能会形成相应的临空产业园区。每一条产业链的发展情况、土地使用情况又都跟机场的三大运营指标（旅客吞吐量、货物吞吐量、航班起降架次）直接关联。这四条产业链的发展就会带动城市集聚的起飞，使机场枢纽成为名副其实的社会经济发展的动力源。

以浦东国际机场为例，经过 20 多年的发展，浦东国际机场周围地区已经发生了翻天覆地的变化。现在的浦东国际机场已经成长为国际级的客货运航空枢纽，其周围地区已经基本形成四大临空产业链：第一是川南奉公路以东的货运物流与产业设施集中地区；第二是机场南围场河以南地区，以中国商用飞机有限责任公司总装制造中心浦东基地为代表的航空工业设施集聚区；第三是川南奉公路以西的城镇设施带，是航空城生活服务设施的集中地区；第四是待开发的机场航站区以北、沿轨道交通 2 号线发展的商务交流区（图 5-4）。

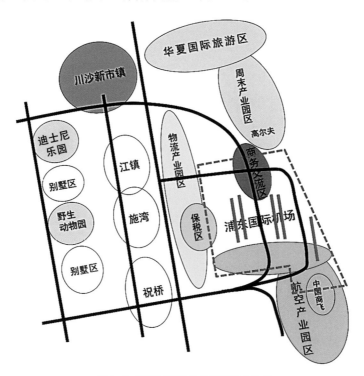

> **图 5-4**　浦东国际机场的临空产业布局

随着多条连接城市中心区和浦东国际机场的道路、高速公路、城市轨道交通、铁路、磁浮交通等的开通,在这片过去荒芜的芦苇荡上规划建设的海边机场,已经与城市建成区连成一片。特别是上海轨道交通市域线机场联络线的投运,使长三角的城际高铁也可以开进浦东国际机场,这使浦东国际机场成为典型的空、铁双枢纽,浦东国际机场成为上海东西城市发展轴上的"双发动机"之一。

　　衡量"发动机"的能力,机场的雇佣效果是一个很直接的度量指标。2019 年上海市的城市经济发展水平和浦东国际机场的运输量,与 1996 年的大洛杉矶地区的经济发展水平和洛杉矶国际机场的运输量相当。从 1996 年洛杉矶国际机场的雇佣数据(表 5-1)来看,洛杉矶国际机场直接、间接和诱发的雇佣人数与当时的每日旅客吞吐量的比例大概为 1∶1。我们对 2019 年浦东国际机场相关情况进行调研,发现其数据也基本上是这个比例关系。

表 5-1　洛杉矶国际机场的雇佣效果(1996 年)

	直接雇佣(人)	间接雇佣(人)	诱发雇佣(人)	合计(人)
航空公司	29 712		41 894	71 606
机场服务	5 379		4 793	10 172
政府机关	4 174		5 710	9 884
旅客产业		27 722	41 583	69 305
旅游业		3 492		3 492
合计	39 265	31 214	93 980	164 459

　　今天,浦东国际机场已经成为上海和长三角面向世界的门户,浦东国际机场航空城已经成为上海大都会东西发展轴上的"东极"。

案例:基于轨道交通的简阳航空城规划

　　成都天府机场特殊的发展历程和成都城市轨道交通的快速发展,使"基于轨道交通的航空城建设"成为简阳市航空城规划的鲜明特色。如果按此规划思路推进,简阳航空城定将成为中国航空城发展史上的里程碑,吸引全世界的目光。

　　1) 天府机场与简阳的现状与规划

　　天府机场比较特殊,它的旅客量是从双流机场分流过来的,因此在通航两年之后,它就在

2023 年达到了 4 478.6 万人次的旅客吞吐量，排名全国第五。对照天府机场的快速发展，其临空产业的发展和航空城的建设就显得太慢了。一般来说，机场要经过 20 年，甚至更长时间的发展才能达到天府机场目前的旅客量，而周边地区的临空产业和城市经过 20 年的发展，也就会具有相当的规模水平。因此，现在可以认为简阳作为天府机场的航空城，其发展并没有跟上天府机场的步伐。

天府机场在规划上是有南北两个主要进出场通道的，北进出场通道在简阳市区南部，承担主要进出场交通量。无论是从现状还是从规划发展来看，天府机场的主要基础设施、生产设施都集中在机场北部。实际上，所有天府机场的功能区，包括旅客航站区、货运区、工作区和机务区等（图 5-5 中的 a 组团），都集中在机场北部，与机场北边的简阳市区相邻。东部新区的临空产业园则集中规划在机场的西边，还规划有一个绿化带把它们与机场隔开。总体来说，前面的规划工作者们似乎忘记了简阳，这把简阳变成了一匹"黑马"，为简阳接下来作为天府机场航空城的规划建设留下了巨大的可能性。

> **图 5-5** 天府机场与简阳市区的现状与规划

现在，天府机场的发展对简阳的城市建设带来的影响还不是很明显。简阳的主要城市建成区分布在沱江两岸（图 5-5 中的 b、c、d 组团）。简阳市总体规划中规划的几个产业园区和居住组团的发展现状都不是很理想，给人一种"散装简阳"的感觉。在交通方面，天府机场、成渝高铁、成渝高速,规划中的城市轨道交通(18号线、13号线、D1、S14、外环线等),以及双港大道、简州大道、迎宾大道、夏蓉高速等交通设施与城市发展的关系不明确。也就是说,简阳虽然交通资源极其丰富,但"漂浮"于城市发展之外,缺乏交通枢纽设施将交通资源落地,也缺少城市经济社会发展的"动力源"。

2)临空产业与简阳城市空间再筑

临空产业的源头都在机场里面。通常机场可分为5个功能区,即飞行区、航站区、货运区、机务区、工作区(图5-6)。最里面是飞行区,它被机场的另外四大功能区隔离在里面,与外面没有联系。通常,旅客航站区的外面可以发展出一个商务园区,因为航站区流出的是旅客,旅客流会带来资金流和信息流,并延伸发展出一系列的商务设施。机场货运区会带来相应的物流业以及其他各种产业的集聚,并支撑起各种临空产业园的发展。机务区会带来与航空器有关的各种产业设施的发展,航空产业的发展往往又会与货运物流产业整合在一起,并催生出保税区、综合保税区、自由贸易区等。另外,机场旅客和机场区域内工作人员的不断增加,会在机场附近形成一个城市化的区域。这样就形成了我们通常所说的四大临空产业链:商务产业链,物流产业链,航空产业链,文化、生活及娱乐产业链。

根据天府机场与简阳市的现状与规划,我们判断在这里应该会出现商务产业链与生活产业链整合,货运物流产业链与航空机务产业链整合,最终形成两个大的临空产业链(图5-6左)。

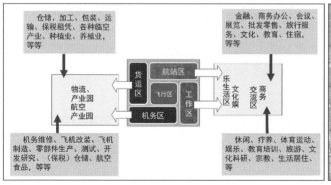

> **图5-6** 简阳航空城的临空产业链和城市空间布局

由于轨道交通13号线和18号线的规划建设,简阳很快就有了发展临空产业的条件。轨道交通13号线和18号线都从机场航站区的交通中心出来,因此从一开始简阳就不缺人气。13号线还经过机场的货运物流区,所以简阳的临空产业最先发展的一定是关于人流和物流两个方面的城市组团。考虑到两条轨道交通线以及迎宾大道、双港大道等主要道路的影响,简阳城市总体规划的城市组团布局需要进行一些调整,很自然地就会形成一个组团环绕的形态,环状布局的中心地区应该规划建设成城市的绿心(图5-6右)。能够规划成这种城市形态,得益于简阳市区内丰富的交通资源的存在,特别是轨道交通的存在。这是其他机场临空地区在发展初期所不具备的,极其珍贵,因此必须充分发挥它们在城市组团开发中的引导作用。

3) 简阳航空城的交通规划与 TOD

简阳在航空城发展的初期就有这么好的轨道交通条件,这在世界范围内都是非常少见的。我们应该在这样一个高起点上规划建设一座"世界级水平"加"简阳特色"的"天府航空城"。

现行的简阳市城市总体规划与天府机场的关系处理得不是很好,没有充分发挥城市轨道交通的作用,同时也没有展现临空产业园区、航空城规划的特征。我们在新一轮的城市规划修订中必须解决这一问题。其实这也是历史给简阳留下的一个比较大的创新空间。

简阳航空城规划的核心就是要不遗余力地加强简阳市区各城市组团与天府机场各功能设施的对接。首先,轨道交通18号线很快将会延续到规划中的空铁新城中心地区(简阳南站),这实际上启动了简阳航空城的规划建设工作,这对简阳临空产业的发展是非常有利的。空铁新城向北可以对接既有的简阳市区各组团,向南可以对接天府机场的航站区。因此空铁新城可以规划建设面向航空客流、高铁客流,以及机场和高铁工作人员的商务设施、商业设施、住宿设施、培训设施、旅游设施等,形成多个城市组团,以促进人流、信息流、商流的流通和驻留(图5-7中的黄色组团)。

第二,规划中的轨道交通13号线将从简阳城区的西部穿过,并且在西部城区设有多个车站。这对简阳城市的发展影响巨大,非常有利于简阳对接天府机场的货运站和货运物流园区,发展航空物流产业。因此,简阳必须利用好13号线,以13号线的各车站为中心,开展以交通为导向的城市产业园区开发,迅速形成西部航空货运物流产业发展轴(图5-7中的浅咖啡色组团)。

第三,简阳规划有3条道路与天府机场对接,市域内实际上能够非常便捷地从城市各组团到达天府机场。中间的简州大道更是高速公路等级的快速道路,应该与进出天府机场的高速公路互通。迎宾大道和双港大道要尽快与天府机场的场区道路系统便捷对接。

第四,虽然轨道交通13号线和18号线把简阳的西部、南部城市组团与天府机场紧密地联系在了一起,但是位于东部和北部的城市组团就显得不是那么紧凑,这些组团与天府机场的联系,以及与其他组团之间的联系就需要加强。于是我们想到:可以在未来具备条件的时候,用一条

> **图 5-7**　简阳航空城规划建议方案

环形的轨道交通线把简阳航空城的所有这些组团全部串起来,并联系天府机场的航站楼前的交通中心和成渝高铁简阳南站。有了这个环线,我们就可以把整座航空城做得更加紧凑高效,让每座车站上的客人进出天府机场都非常便捷(图 5-7)。

第五,在轨道环线上的每一个车站和城市组团(图 5-7 中的红点),都将形成新一轮的土地开发,即 TOD:公共交通引导的城市开发。新的城市中心会被新建或重筑,同时人们还会让新的城市中心具有不同的产业功能,并生成文化、风景各异的城市景观。同时,规划好这些 TOD 还能利用这些车站周边地区的新城开发和旧城改造筹集轨道环线后续建设资金,实现轨道环线建设资金和运营费用的自平衡,从而实现城市的可持续发展。

4)航空城轨道环线的规划建设

有了轨道环线以后,航空城的公共交通出行量会大幅度提升,航空城的经济环境、社会环境、生态环境会更好。最重要的是,通过这个轨道环线,天府机场和高铁南站被整合在了一起。天府机场的到达客人,走出航站楼就能够乘上轨道环线去往简阳的每一个城市组团。从航空城各个组团出发去天府机场或简阳南站的旅客,在任何一座轨道环线的车站都能够办理航空旅客值机,即每座车站都是一座城市航站楼。这样就能达到把天府机场航站楼的功能延续到简阳的每一个城市组团的目的。

　　显然，这是一个多赢的方案。方案的难点是轨道环线如何进入机场。我们的初步方案是轨道环线与轨道交通 13 号线在 13 号线的末端并轨运行。由于 13 号线在这里运行频次低，有较多的时刻空置，那么就可以穿插一些环线的车辆进去运行(图 5-8)。

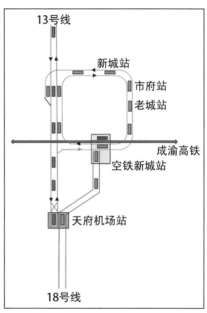

> **图 5-8**　航空城轨道环线示意图

　　由于轨道交通 13 号线现在还处于设计阶段，上述航空城轨道环线的实施，在技术上没有难度，关键是要与 13 号线的投资建设方协调好。这个轨道环线的实施，对于 13 号线的业主来说只是增加了一点点麻烦，但对于简阳航空城的建设来说就是"创造历史"的巨大成功，是一个投入少却效益极高的项目。

　　这个"P 字形"的轨道环线事实上让天府机场与其临空地区、高铁车站等达成了一体化的规划建设和运营管理。天府机场与简阳各城市组团位于一个环线上，将造就一个史无前例的"天府航空城"。试想一下：如果在适当的时候推出"天府机场当日旅客(凭登机牌)免费乘坐简阳轨道环线"的政策，会产生什么样的社会经济效益？

　　5）简阳南站与高铁新城的功能定位

　　天府机场站是轨道环线上最重要的灵魂车站，而轨道环线上的另一座灵魂车站就是空铁新城站(即简阳南站),它汇聚了成渝铁路、轨道交通 18 号线、轨道环线,以及另一条城市轨道交通线路。还可以在这座车站设置一座天府机场的城市航站楼,让乘坐成渝高铁来的旅客和乘坐轨道交通、公共汽车、旅游车等来的航空旅客在这里能够办理值机,然后乘坐 18 号线直接到机场去安检登机。综上所述,简阳南站集聚了航空、高铁、轨道交通和道路等多种交通方式,其功能定位首先就是一个**"空铁枢纽"**,空铁联运将是该枢纽的突出功能。

同时该空铁枢纽承担着进出天府机场、进出简阳(航空城)、进出成都市的门户功能,是一个典型的**"门户型综合交通枢纽"**(图 5-9)。未来这里才是真正的"成都东站""天府机场站"。

> **图 5-9**　航空城的空铁枢纽与空铁新城

简阳南站上述两大功能的突出表现,必将使简阳南站所在的这个城市组团地理位置变得非常优越,因为该枢纽的功能更加综合,它将带动周边地区的城市发展和人口集聚,从而形成**"天府航空城的商务中心(CBD)和公共活动中心(CAD)"**。

显然,简阳南站所在城市组团是简阳航空城最早的交通集散地,是经济社会发展最早最快的组团。很快,这里将会成为成都市东部的旅游集散中心,以天府机场和铁路为主体的各种交通方式的工作人员以及城市就业者的家园,这里将形成一座典型的**"空铁新城"**,生活会更加方便。从这个意义上来讲,我们认为这个车站不应该叫简阳南站,而应该叫**"天府机场站"或"空铁新城站"**。

总之,空铁新城的开发不是一个一般意义上的 TOD。今天,空铁新城的规划建设是天府航空城规划建设的起点。等到轨道环线建成投运以后，简阳各城市组团又将迎来新一轮的发展和升级。那时，空铁新城和空铁枢纽就会成为天府航空城的新高度、新橱窗、新门户。

6）结语

简阳临空开发一定会产生两条临空产业链：货运物流产业链和商务人流生活链。对这两条产业链的开发将始于空铁新城和物流新城的规划建设。但如果没有轨道环线规划建设的跟进，新城建设就是一个普通的 TOD。只有建成了轨道环线，简阳才能被称为"航空城"。

轨道环线越早建成越好，因为轨道环线决定着简阳临空开发水平的高度。如果有了轨道环线，这里就是世界一流的航空城；如果没有轨道环线，简阳最多只是其他临空开发区的跟随者。

空铁新城还是航空城规划建设的一个示范性项目。从这个地方起步，简阳会把随后的各组团、各枢纽不断地建设下去，最后还会回到空铁新城这个组团。到那时候，空铁新城将会发展到一个更高的境界：港产城融为一体。

在简阳，无论是今天，还是未来，我们所做的一切都是对港产城一体化的不懈追求。

港产城一体化是我们的目标，其实也是我们必须坚守的底线！

5.2　空铁枢纽与城市群空间规划

高速铁路和民用航空是我们这个时代的代表性交通方式，高铁枢纽和机场枢纽都是这个时代经济社会发展的动力源。如果高铁开进机场，空、铁两枢纽合一，那将释放出"一加一远远大于二"（1+1≫2）的巨大牵引力。高铁和民航旅客群的相近性，使得空铁联运在时下的中国非常流行。只要条件允许，有一定规模的机场在规划建设中都会引入高速铁路。可以预见，在中国将会有一批空铁枢纽出现，这些空铁枢纽会极大地影响其所在城市和城市群的空间发展。

5.2.1　空铁枢纽与城市发展轴

空铁枢纽首先是其所在城市的门户型交通枢纽，它会左右城市土地开发的方向，推动现代城市服务业的集聚和发展，从而形成新的城市发展轴，锚固城市空间结构。上海浦东国际机场的陆侧一体化交通中心和虹桥综合交通枢纽，在上海东西向城市发展轴形成中所起的作用就是一个典型的案例（图 5-10）。

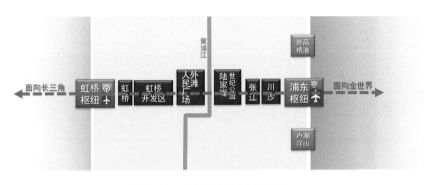

> **图 5-10**　上海东西向城市发展轴

在上海城市东西发展轴的东端是浦东国际机场一体化交通中心,西端则是另一个著名的空铁枢纽——虹桥综合交通枢纽。虹桥综合交通枢纽集成了民用航空、高速铁路、磁浮交通、高速公路客运、城市轨道交通、公共交通、城市道路交通等各种运输方式,2019 年,整个交通枢纽设计日客流集散量达 110 万人次。具体的交通基础设施包括虹桥机场、铁路客站、长途巴士客站、公共汽车站、磁浮交通客站、轨道交通车站、出租车上下客站、停车楼等。虹桥综合交通枢纽是城市交通建设史上的一次大集成、大创新,它将多种完全不同的交通方式很好地整合在一起,无论是汇集的交通方式的种类还是规模,在国内外都是罕见的。

伴随着虹桥地区建设最大的门户型交通枢纽,其周边地区被规划建设成为内贸和服务业的集聚高地,补充并强化了上海东西发展轴西端的"发动机"功能。按照规划,虹桥商务区要以交通枢纽功能为特征,发展成为长三角最重要的人员集散、信息交流、资金流通的节点;同时要与浦东机场枢纽和城市 CBD 的功能错位,以国内交流为特色,分担上海经济、金融、贸易、航运四个中心服务长三角的职能,努力成为长三角的 CBD。

产业布局方面,在沪宁、沪杭、沪湖宣三个方向上,已有安亭汽车城、物流园区、松江大学城、先进制造业基地,以及青浦方向的旅游、居住设施等,因此虹桥商务区被定位为商务办公区,以现代服务业为重点,成为上海重要的现代服务业集聚区之一。经过十多年的努力奋斗,虹桥临空经济区依托虹桥综合交通枢纽,已初步形成以现代服务业为特征的产业集聚,其总部经济、空铁经济、数字经济三大高地的态势已经形成、非常明显。

在上海城市发展轴的东西两端,浦东机场与虹桥枢纽这两个空铁枢纽就像一架大飞机的四个发动机,"四发起飞"(图 5-11),不仅带动了上海经济社会在改革开放 40 多年中的快速起飞,同时也在长三角经济社会的发展中起到了"龙头"作用。

> **图 5-11**　"四发起飞"

5.2.2　空铁枢纽与城市群空间结构

　　显然，在我们这个时代，机场与高铁结合所形成的门户型交通枢纽，即空铁枢纽已经成为城市和城市群的最重要枢纽设施，在区域规划和城市群的规划建设中至关重要。现在上海机场的旅客量已经可以与高铁并驾齐驱，其旅客的高端性质则远胜于铁路。以长三角为例，现在正在逐步形成一个以上海机场为龙头，以嘉兴机场、萧山机场、宁波机场和禄口机场、常州机场、无锡机场为两翼的机场体系。这些机场之间的联系，以及机场枢纽与各城市中心之间的联系，都需要由国家高速铁路和城际高铁来承担。于是，长三角的空铁枢纽正在被织成一张完整的大网。现在长三角的空铁枢纽网络已现雏形，开始牵引长三角城市群经济社会的一体化发展。这是铁道上的长三角城市群和机场群发展的第一阶段，这个阶段的特征就是"轴化、极化"（图 5-12）。

　　当然，长三角的城际高铁的发展给区域规划和城市群发展所带来的远不止这些。现在长三角已经进入铁道上的城市群和机场群发展的第二阶段。第二阶段的特征是"多轴化"。在这个阶段，一方面，前一个阶段形成的以上海为龙头的"Z 字形"高铁和城市空间结构得到进一步加强；另一方面，随着以南沿江高铁、北沿江高铁为代表的铁路建设，以及沿海发展带的规划建设等，出现了多个城市群发展轴，同时表现出以上海为龙头、各种要素高度集聚的特征（图 5-13）。同时

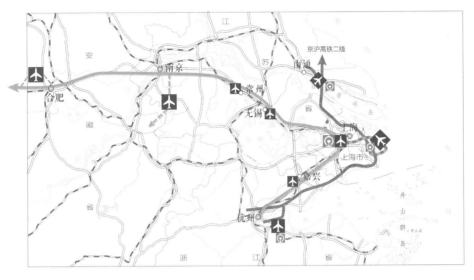

> **图 5-12**　长三角空铁枢纽体系的雏形

期，我们看到杭州都市圈、南京都市圈、苏锡常都市圈，以及宁波都市圈、合肥都市圈的发展如火如荼，巨大的长三角城市群如旭日初升在世界的东方。

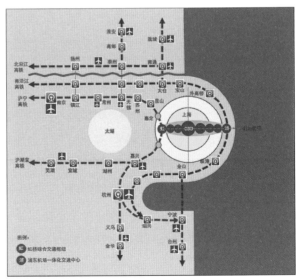

> **图 5-13**　以上海为龙头的长三角城市群和空铁枢纽发展带

　　铁道上的长三角城市群和机场群发展的第三阶段，就是长三角城市群中各城市相互之间的联系快速加强，长三角城际高铁建设加速的时期。在这个阶段，各发展轴之间的城市会规划建设一批相互联系的城际高铁。城际高铁的网络化最终将改变向"一极"或"三极"集聚的趋势，走向网络化（图5-14），"铁道上的长三角"将会更加人文、智慧、高效、安全、生态。这个阶段的特征将是"网络化"。

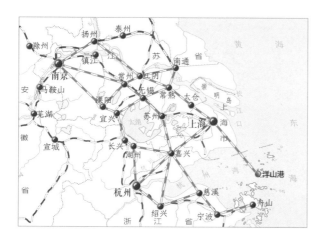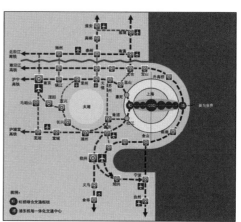

> **图5-14**　长三角的城市群及其空铁枢纽网络

　　长三角铁路与城市群的网络化是指在多中心化、协商民主、市场化等基础上构建的结构模式。网络化强调多重治理主体间要形成协商、互助和合作的关系，重视平等交流、互帮互助、公开交互、兼容并蓄。其扁平化的再组织思路，让不同归属的城镇实现便捷的沟通和互动，将不同的城镇、不同的资源、信息连接起来，实现长三角全部社会资源的共享和公共价值的最大化。

　　长三角城市群的空间结构从"极化""轴化"到"网络化"的转变，意味着走向"多元共治"。这需要我们构建多个平台（包括城际铁路网、门户型交通枢纽群、机场群和平台型政府），完善城镇间的民主协商制度，为社会力量和市场主体赋权增能，使长三角形成一个自治、合作、积极参与公共事务的共同体，实现长三角的共建、共治、共享。

5.2.3　空铁枢纽与城市群的发展规划

　　空铁枢纽将我们这个时代城市发展的两大发动机——高铁、航空——集成在一起，它在京津冀、长三角和珠三角这样的国家级城市群发展中的作用是毋庸置疑的,已经引起世界的广泛关注。其实,空铁枢纽在一些中小城市群发展中的作用和对其城市群空间结构的影响也是巨大的。无论是在都市圈的发展战略上,还是在特定区域规划中,也无论城市之间离得近,还是离得远,空铁枢纽都会在城市群空间构筑中爆发出令人意想不到的能量。粤东城市群及其中央新城的规划就是一个很好的案例。

粤东城市群包括潮州、汕头和揭阳三市,是正在发展进化中的"揭潮汕都市群"。粤东三市陆地面积约 10 585 km², 海域面积约 20 000 km², 人口约 1 365 万人,地区生产总值约 6 439 亿元。这里是中国著名的侨乡,本地人口与旅居境外、海外的华侨人数基本相当。

揭阳潮汕机场是粤东联系世界的门户,它辐射闽西南、赣东南部分地区,直接服务人口约 3 000 万人,2019 年全年旅客吞吐量已经达到 735 万人次,根据机场总体规划,2040 年旅客吞吐量将达到 2 800 万人次。同时,机场周边交通便利,甬莞高速公路与汕昆高速公路在此交汇; 2019 年 10 月通车的广梅汕高铁在航站楼前设有机场高铁站;厦深高铁站距机场 8 km,车站设计每年旅客吞吐量大于 2 000 万人次、日接发旅客列车 120 对,高铁车站采用下进上出和南北进出相结合的乘车方式,车站南北站房通过宽 12 m 的地下通道相接,南北都有售票处和候车厅,车站外所有的旅客活动区域均位于地面层。另外,规划中的揭潮汕城际高铁将设揭阳站、机场站、潮汕站、汕头站等,以这些交通枢纽为中心,揭潮汕中心城区之间将实现 30 min 互达。随着旅客吞吐量的快速增长,机场与高铁车站之间的地区有望发展成为三市交汇的中央新城,成为揭潮汕地区的 CBD 和 CAD。

潮州、汕头、揭阳三市之市中心相距 30~40 km,随着经济社会的发展和交通设施的进步,文化习俗基本一致的三市一体化趋势日渐明晰。特别是厦深高铁潮汕站和揭阳潮汕国际机场开通运营以来,在三市连线形成的中心地带一座"中央新城"的雏形已经显现,在空铁两大枢纽之间,未来城市 CBD 的规划建设已经展开(图 5-15)。

新的粤东城市群向西对接蓬勃发展的大湾区,向东北直连海西经济区、对接长三角,向南是汕头港,面向世界。这将是空铁枢纽给粤东城市群带来的一次新的发展机遇。

空铁枢纽是城市群空间重筑和拓展最有用的工具之一。我们一定要高度关注空铁枢纽群、关注它们所形成的空铁枢纽网络。铁道上的机场群和铁道上的城市群合一,将会彻底改变我国城市群的空间结构。很有可能这就是中国未来世界级城市群的第一特征。

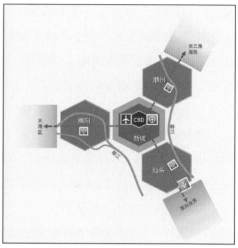

> **图 5-15**　粤东城市群及其空间结构规划示意

5.3　大型空铁枢纽与城市群 CBD

　　每座高铁车站和民航机场都需要实现城际交通与市内集疏运体系的换乘，从而在换乘地区形成该城市的门户型交通枢纽。大型门户型交通枢纽会给所在地区带来大量的旅客流量，带来城市公共设施的集聚，形成新的城市商务区。当高铁和航空融合在一起形成大型空铁枢纽时，其周边地区甚至可以成长为城市群的 CBD，从而带动区域内城市社会经济的快速发展。例如，由虹桥综合交通枢纽的规划建设而形成的虹桥商务区，就是通过虹桥综合交通枢纽的十年运营，才逐步成长为长三角城市群的 CBD 的。

　　虹桥综合交通枢纽作为大型空铁枢纽，从门户型交通枢纽到商务区，再到长三角城市群的 CBD，其在发展过程中经历了诞生、成长、成熟、拓展四个阶段。

　　第一阶段是虹桥综合交通枢纽的交通基础设施规划建设期。虹桥综合交通枢纽综合了高速铁路、民航、公路、城市轨道交通、市内公交等多种交通方式（图 5-16），还整合了沪宁、沪杭沿线的交通资源，成为长三角的门户型交通枢纽，高效联系起上海内外交通网络，并使上海城市空间结构和长三角城市群空间结构走向了一体化。

　　第二阶段是结合虹桥综合交通枢纽核心设施规划建设的征地动迁，枢纽开发了其周边的配套设施和门前集中的商务设施（图 5-17）。虹桥综合交通枢纽周边约 26 km² 内，已初步形成面向

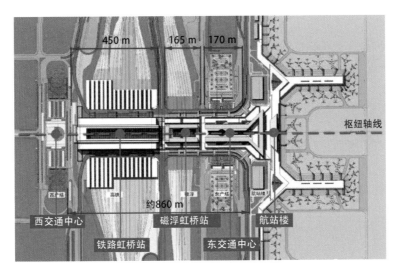

> **图 5-16** 虹桥综合交通枢纽核心设施群

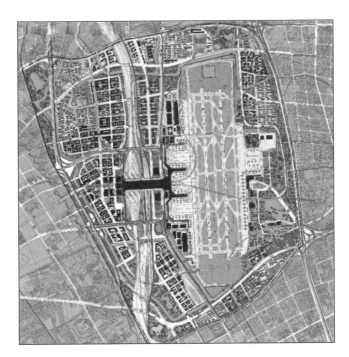

> **图 5-17** 虹桥国际机场控制性详细规划

长三角、品质卓越的商务地区,已逐步成为上海辐射长三角的活力核心和上海城市发展轴的重要节点。同时,虹桥综合交通枢纽和虹桥商务区核心区还塑造了一个个性非常鲜明的门户形象,成为长三角的代表和上海市的名片。虹桥商务区核心区以国内交流为特色,事实上分担了上海服务长三角的职能,成为上海重要的现代服务业集聚区之一。经过十余年的发展,我们现在看到虹桥商务区核心区在促进长三角经济一体化方面成效卓著,以虹桥商务区核心区为中心,其两翼在产业、经济方面的集聚和发展速度远远超出长三角的平均值。虹桥商务区核心区作为长三角的中央商务区正在快速形成之中。

第三阶段是规划建设虹桥商务区(图5-18)。随着虹桥商务区的启动,虹桥综合交通枢纽周

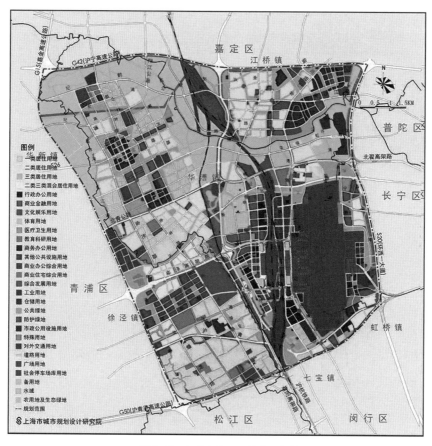

> **图5-18** 虹桥商务区土地使用规划

边地区开始导入城市功能,逐步发展成为世界 500 强企业和长三角企业总部的集聚地。配套住宅、公共服务设施的相继投入使用,也带来了就业和常住人口的迅速导入。在强大的交通系统的支撑下,虹桥商务区汇聚了大量的人流、物流、信息流和资金流,以虹桥商务区为核心的枢纽相关产业得以迅速发展,集聚了大量现代服务业。虹桥商务区逐步稳固了其作为长三角产业链龙头的地位,同时为上海和长三角区域的产业转型与升级作出了巨大贡献,为成为长三角的中央商务区奠定了很好的基础。

第四阶段是 2021 年开启的虹桥综合交通枢纽功能拓展期。在过去的十余年中,虹桥综合交通枢纽和虹桥商务区的影响力逐渐向外扩散,辐射范围越来越广,亟须新一轮的规划重新定义"规划边界",将其辐射拓展的范围进行统筹,以共享虹桥资源、提升枢纽能级、激发经济潜力,同时继续推进长三角的一体化发展,以一体化推动国际化、以国际化促进一体化。2021 年 2 月,为了释放虹桥综合交通枢纽带来的强大的内外部扩张压力,国务院正式批复了《虹桥国际开放枢纽建设总体方案》,虹桥枢纽自此翻开了发展的新篇章。几年来,虹桥国际开放枢纽"一核两带"全域生产总值从 2020 年的 2.3 万亿元增长至 2023 年的 2.8 万亿元,经济密度达到 4 亿元/km²,是长三角平均水平的 4.7 倍。

虹桥国际开放枢纽建设的总体目标是全面贯彻习近平总书记在扎实推进长三角一体化发展座谈会上的重要讲话精神,按照党中央、国务院决策部署,认真落实《长江三角洲区域一体化发展规划纲要》有关要求,立足新发展阶段、贯彻新发展理念、构建新发展格局,紧扣"一体化"和"高质量"两个关键词,着力建设国际化中央商务区,着力构建国际贸易中心新平台,着力提高综合交通管理水平,着力提升服务长三角和联通国际的能力,以高水平协同开放引领长三角一体化发展。

虹桥国际开放枢纽规划按照提升能力、完善功能、优化布局的要求,统筹区域发展空间,形成"一核两带"发展格局(图 5-19)。"一核"就是虹桥国际中央商务区,面积为 151 km²,主要承担国际化中央商务区、国际贸易中心新平台和综合交通枢纽等功能。"两带"是指以虹桥商务区为起点延伸的北向拓展带和南向拓展带。北向拓展带包括虹桥—长宁—嘉定—昆山—太仓—相城—苏州工业园区,重点打造中央商务协作区、国际贸易协同发展区、综合交通枢纽功能拓展区;南向拓展带包括虹桥—闵行—松江—金山—平湖—南湖—海盐—海宁,重点打造具有文化特色和旅游功能的国际商务区、数字贸易创新发展区、江海河空铁联运新平台。

所有这一切,都在推动虹桥商务区的核心区最终形成服务长三角的、高标准的国际化中央商

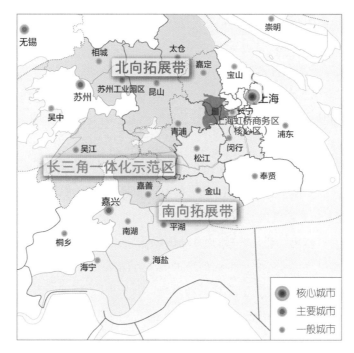

> **图 5-19**　虹桥国际开放枢纽总体布局

务区的形成，推动中央商务区内的高端商务、会展、交通功能深度融合，加快打造市场化、法治化、国际化营商环境，加快发展现代化服务业，持续深化长三角协同开放，引领长三角更好地参与国际合作与竞争。要充分发挥中国国际进口博览会和虹桥国际经济论坛平台作用，打造联动长三角、服务全国、辐射亚太的要素出入境集散地，促进物流、信息流、资金流等更加高效便捷流动，全面提升全球资源配置能力。

　　经过近 20 年的规划建设，特别是近期十余年的运营开发，虹桥综合交通枢纽与虹桥商务区已经初步展现出其作为长三角城市群的中央商务区的雏形，在长三角社会经济发展转型中发挥着关键作用。到 2025 年，虹桥中央商务区和国际贸易中心新平台的功能框架与制度体系将基本建成，综合交通管理水平会显著提升，服务长三角和联通国际的作用将进一步发挥。到 2035 年，虹桥中央商务区将全面建成为推动长三角一体化发展、提升我国对外开放水平、增强国际竞争合作新优势的重要载体，将建成拥有高水平交通运输管理能力的国际贸易中心，将通过高水平的协同开放引领长三角一体化发展。

5.4 空铁枢纽对经济社会发展的撬动作用

上述虹桥综合交通枢纽自 2010 年建成投运以来,国内很多地方都开始规划建设大型综合交通枢纽,可以说掀起了一股枢纽建设的"热潮"。综合交通枢纽建成投运后,如何对其进行后评估就成为我们应该直面的课题了。对综合交通枢纽的评价方法有很多,我们认为应该从以下三个层面开展枢纽的后评估工作。

一是技术和建设层面。在这个层面上,我们往往强调的是整合交通枢纽的设施、设备、系统,提高其一体化水平,其实还应该包括投资控制、质量管理、进度管理等方面。如果把这个层面的工作做好了,可以拿到 60 分的成绩。

二是规划和运营层面。这个层面上要求管理者在交通枢纽的安全、绿色、人文、智慧等方面做更多的工作,融合好枢纽的运输、商务、商业、服务、住宿等各项功能,不断提升运营管理水平,为旅客提供优质的服务和舒适高效的出行体验。如果再把这个层面的工作做好了,那就可以得到 70~80 分。

三是经济和社会层面。这个层面要求交通枢纽通过其交通功能的发挥,起到撬动经济社会发展的作用。就是说交通枢纽要成为推动其所在城市和区域经济社会发展的"发动机",从而实现交通枢纽自身的可持续发展和对周边地区的辐射拓展。这样才能得到 90 分以上的好成绩。

我们认为,在我国现行的综合交通枢纽的规划建设中,大多数人的目光只盯在上述第一和第二层面,能做到第三层面的项目凤毛麟角。下面以虹桥综合交通枢纽为例,介绍综合交通枢纽在第三个层面所能够达到的高度,看看虹桥综合交通枢纽作为一个支点,在撬动城市经济和区域经济的发展方面已经取得的成绩。

5.4.1 虹桥综合交通枢纽撬动了上海经济社会的发展

据传,阿基米德曾说过:给我一个支点和一根足够长的杠杆,我就可以撬动地球。这句话准确地说明了"支点"的作用和意义。在我们的城市体系中,撬动城市经济社会发展的"支点",就是综合交通枢纽。其实,任何一个时代都有其代表性的交通方式,这些不同时代的不同交通方式就是撬动城市发展的那些"长杆",而这些交通方式在城市的节点——门户型交通枢纽,就是那个"支点"。

城市发展轴是城市经济社会最活跃设施的集聚区。历史上上海一直是沿着黄浦江发展的，黄浦江就是上海南北向的城市发展轴。因为在那个时代，水运对上海经济的发展起到了非常重要的作用，于是在码头附近形成了城市最有活力的中心。但浦东开发开放以后，特别是浦东国际机场建成投运以后，从市中心到虹桥、浦东两座机场的各交通通道上新经济要素快速集聚，逐渐形成了一条新的东西向城市发展轴。等到 20 世纪末的时候，服务长三角、服务内地经济社会发展成为上海必须直面的课题。于是，我们就策划在虹桥这个地方建一个综合交通枢纽，并将它打造为促进上海城市经济发展、推动城市空间再筑的核心设施。到 2010 年虹桥综合枢纽建成，上海的东西向城市发展轴就完全形成了（参见图 5-10）。

上海在改革开放的前三十年，用浦东国际机场撬动了浦东新区的发展，以浦东开发开放的成功，成就了一套面向世界的开放型经济体系。2010 年以后，上海通过虹桥综合交通枢纽的建设和运营，更好地服务了长三角和内地经济社会的发展。用今天的话来说，就是上海做好了"两个循环"。现在看来，虹桥综合交通枢纽不仅打造出独一无二的交通枢纽，撬动了上海经济社会的发展，推动了东西向城市发展轴的形成，而且撬动了面向长三角的、品质卓越的虹桥商务区的形成，并使之成为上海西部辐射长三角的活力核心；同时，虹桥枢纽和虹桥商务区还塑造了个性非常鲜明的上海门户形象，成为长三角的代表和上海亮丽的城市名片。

5.4.2　虹桥综合交通枢纽撬动了虹桥商务区核心区的发展

经过十余年发展，虹桥综合交通枢纽撬动了虹桥商务区核心区作为长三角 CBD 的发展。现在，虹桥商务区核心区已经形成了很好的产业集聚（图 5-20），而且产业发展与枢纽功能高度相关。到 2019 年，已有 16 家世界 500 强企业、27 家外资企业地区总部、121 家国内外上市企业总部或功能性总部或区域性总部、125 家行业领军企业总部入驻核心区，例如阿里巴巴、壳牌、中骏、罗氏、斯伯格、梅塞尔等。商务核心区的注册企业已有 6 845 家，与之相邻的闵行片区注册企业有 21 978 家、长宁片区注册企业有 573 家、青浦片区注册企业有 4 561 家、嘉定片区注册企业有 4 522 家。也就是说，虹桥商务区已经集聚了推动长三角经济发展的一系列资源，为发挥长三角 CBD 作用打下了很好的基础。

在上海办公楼宇出租率不高的背景下，虹桥商务核心区办公楼宇招商及出租情况良好，税收贡献非常可观。以核心区 27 个地块项目 352 栋楼宇为例，2018 年完成税收 25.93 亿元。最先建成的瑞安虹桥天地到 2019 年时，其商业设施和办公设施的出租率都达到了 100%。

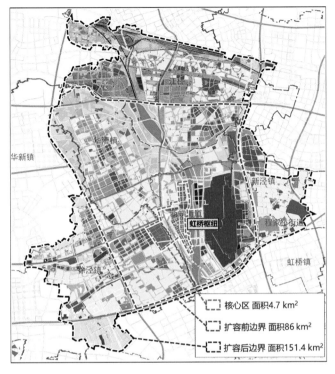

> **图 5-20**　虹桥商务区总体规划

5.4.3　虹桥综合交通枢纽撬动了长三角经济社会一体化

　　从长三角的角度来看,虹桥综合交通枢纽的建成投运,彻底改变了长三角交通网络的结构,使沪宁、沪杭以及未来的沪湖宣三个交通走廊完美地结合在一起,并形成了便捷的换乘枢纽,大大推动了长三角交通基础设施的一体化发展,奠定了虹桥枢纽作为长三角 CBD 的基础。由于交通基础设施的一体化是区域城镇一体化、经济一体化的基础,因此我们看到虹桥综合交通枢纽实际上撬动了长三角城市体系的再筑。在经济社会一体化方面,虹桥综合交通枢纽撬动了长三角的"跨界合作""同城化"和"区域经济的强劲增长"。

　　首先,虹桥综合交通枢纽撬动了长三角跨界合作平台的建设。围绕虹桥国际中央商务区的大交通、大会展、大商务三大核心功能,依托国家会展中心、中国国际进口博览会等软硬件设施,虹桥国际中央商务区在虹桥地区常年展示交易服务平台、虹桥国际商务人才港、长三角民营企业总部服务中心、全球数字贸易港、联合国亚洲采购中心、国际商事争端预防与解决组织的建设与引进等方面均取得了重要突破。在支持浙江、江苏、安徽等省在虹桥国际中央商务区设立"创新飞地"的同时，虹桥国际中央商务区也成为上海市内"创新飞地"最为集中的区域之一，不仅帮助长三角其他城市享受到了上海丰富的高端科创资源和人才资源，还帮助上海发挥了辐射作用，扩大了腹地范围，有力地推动了长三角跨行政区域"政产学研用"的一体化进程。

　　其次，虹桥综合交通枢纽在撬动长三角同城化方面成绩斐然。《长三角城市跨城通勤年度报告》显示，昆山、太仓、苏州城区（包括相城和苏州工业园区）是流入上海通勤者的主要来源，分别占流入上海通勤者总量的 72.4%、14.2% 和 5.3%；昆山、太仓还是上海流出通勤者的主要目的地，其流出量分别占总量的 64.0% 和 15.6%。其中虹桥国际中央商务区跨城通勤群体的居住地主要分布在花桥、苏州城区、昆山城区、太仓城区等，特别是花桥占比超过一半。在虹桥综合交通枢纽的撬动下，虹桥商务区在上海典型核心商务区中跨市域通勤的规模遥遥领先（图 5-21），已经成为长三角同城化的先行者与示范者。

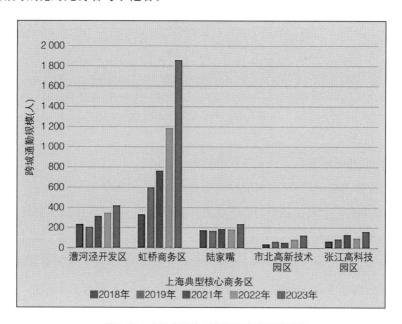

> 图 5-21　上海典型核心商务区跨城通勤规模

　　最后，虹桥综合交通枢纽还撬动了长三角区域经济的强劲增长。从 2021 年数据来看，虹桥国际中央商务区所在的上海的长宁、闵行、青浦、嘉定四区合计完成地区生产总值 8 576 亿元，同比增长 9.8%，比上海全市平均水平高 1.7 个百分点。虹桥南向拓展带上的上海松江、金山和浙江嘉兴、平湖、南湖、海盐、海宁,完成地区生产总值 6 179 亿元,同比增长 11.4%。虹桥北向拓展带上的江苏苏州、昆山、太仓、相城、苏州工业园区完成地区生产总值达到 10 598 亿元,同比增长 11.9%,高于苏州全市平均水平 3.2 个百分点。2021 年长三角三省一市生产总值的增速都超过了 8% 这一全国平均水平。长三角地区经济增长之所以如此强劲,虹桥综合交通枢纽的撬动作用是功不可没的。

　　总之,虹桥综合交通枢纽撬动了长三角经济社会的又一次升级,获得了国内外的广泛好评,完美提升了项目自身的价值。未来,随着"打造长三角经济增长'极中极'、联通国际国内市场'彩虹桥'的虹桥国际开放枢纽"的建设,虹桥综合交通枢纽将发挥更加出色的"支点"作用!

本章小结

　　基于高速铁路和民用航空的中国现代城市群的发展才刚刚起步,这是西方发达国家未曾走过的路,邻国的经验教训也许对我们的探索有益。无论如何,我们必须用自己的双脚踏踏实实地走出一条中国式的城市群发展之路。

　　到目前为止,京津冀还没有真正意义上的"城际高铁网",珠三角走在有自己特色的城市群交通与城市群空间结构的发展道路上,只有长三角已经初现基于高速铁路和民用航空的城市群空间结构的雏形。从长三角城市群发展的探索中,我们总结出了"城际铁路走廊+门户型交通枢纽+城镇中心"这样的城市群空间结构模型,希望在未来的城市群发展中能够用以指导我国城市群的规划建设,并在实践中得到进一步的补充和完善。

　　城际高铁走廊、门户型交通枢纽及其所带动形成的城镇中心,是城市群空间规划的三要素。其中最核心、最关键的就是门户型交通枢纽,就是它的选址、规划、建设和运营。我们所做工作的最高目标是把门户型交通枢纽作为一个"支点",形成城市和城市群的 CBD 或 CAD,从而撬动城市和区域经济社会的发展,撬动城市群的一体化和可持续发展。

第 6 章
城市（群）空间模型与组合出行论

如果城市居民的主要出行转变成为以大运量公共交通为主体的模式,那我国的城市和城市群的空间结构将会发生什么样的变化? 这实质上是组合出行论研究的核心内容之一,是组合出行论的落脚点。我们需要从以下两个方面来回答这个问题。

一是对于大都会来说,城市轨道交通提供了一种全新的出行方式、出行链,可能会彻底重筑既有的城市空间结构,并提供一种新的城市开发模式,即 TOD,这是革命性的。到目前为止,只有欧亚大陆上少数几个发达国家的大都会实现了"轨道上的大都会"。世界上绝大多数大都会都还是"运行在汽车轮子上"。然而,能源问题、环境问题,以及不断增加的人口密度和不断扩张的城市规模,让我们看到了道路交通支撑的大都会不适合我们的国情。

二是对于城市群来说,我国快速发展的高速铁路和民用航空,为城市群居民出行提供了世界上不曾有过的出行方式和出行链,我们应该抓住机遇构筑中国式城市群的空间结构。这是我们的前人和外国人都不曾做过的事情,有机会去研究、规划、建设、运营好世界上最高效的"高铁上的城市群",是我们这一代人的荣幸、骄傲和幸福。我们应不负时代!

6.1　基于城市轨道交通的城市空间再筑

从城市规划的角度来看,不同的交通工具是可以带来不同的城市空间发展模式的。在这方面,先辈们研发了许多城市与区域规划理论与发展模型。虽然理论和模型很多,但我以为只有"组合出行论"及其"轨道交通走廊＋交通枢纽＋地区中心"模型才是符合当今中国大城市发展实际的。

6.1.1　上海城市总体规划的变迁

过去上海市城市总体规划长期是母城加几座卫星城的思路,直到 1999 年的城市总体规划依然是按照"卫星城理论",设想在郊区规划建设 9 个卫星城,卫星城与主城之间规划了大规模的农田和绿地用来相互隔离(图 6-1)。但这一轮总体规划中考虑了蓬勃兴起的城市轨道交通建设,在卫星城与中心城之间规划了市域轨道交通连接。现在看来,1999 年的上海总体规划是最后一个受卫星城规划理念影响的上海城市总体规划方案,这个方案与其后 20 年上海城市空间的发展存在很大的矛盾。

这个方案显然不符合轨道交通走廊的发展规律。以连接松江新城的轨道交通 9 号线为例,最初为了防止松江的发展与中心城连为一体,规划只设 4 个站,在松江新城与中心城之间规划的

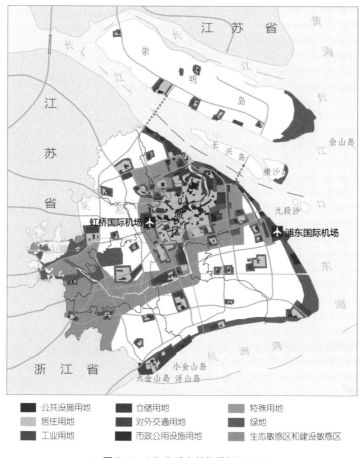

公共设施用地　　仓储用地　　特殊用地
居住用地　　　　对外交通用地　　绿地
工业用地　　　　市政公用设施用地　生态敏感区和建设敏感区

> **图 6-1**　上海市城市总体规划（1999）

是农田和绿地。后来由于沿线负责动拆迁的地方政府强烈要求在其管辖范围内增设车站等种种原因，导致沿线不断增设车站。结果最后车站增加到十几个，完全变成了穿糖葫芦式的轴向发展模式。实际上，轨道交通的规划建设一方面必须考虑沿线地区的经济发展和居民的诉求；另一方面也要考虑受益于线路和车站的建设，沿线的道路交通和各种市政设施水平都会得到极大提升，如果沿线依然规划大规模的农田和绿地，将是对这些基础设施资源的极大浪费。我们看到，这里是有许多新的课题需要研究的，需要找到符合上海实际的规划理论和空间发展模式。

　　在上海市科学技术委员会的资助下，我们开展了对轨道交通规划建设和运营管理的特征，以及轨道交通背景下上海城市空间发展规律的研究。在 1998 年的"上海城市交通与空间结构规划研究"报告中,我们提出了组合出行的理念和大都会上海的城市空间结构[图 6-2(a)]①。

　　在随后的十多年里,我们一直致力于宣传、实践"组合出行论"与"轨道交通走廊＋交通枢纽＋地区中心"模型。不仅在上海,而且在全国各地传道授业解惑,使之逐步成为众多同仁的共识。到 2017 年的时候,新一轮的"上海市城市总体规划(2017—2035 年)"对上海市未来城市空间结构的描述已经接受了这一理念,完全反映了这一发展规律[图 6-2(b)],上海向西的五大发展轴被法定规划正式确定下来,这使得上海城市发展更加符合其以大运量公共交通为骨干的交通发展战略和客观发展规律。同时,这种定向发展的模式还非常有利于与城市群交通走廊的对接,有利于长三角的一体化,也将在上海完美地呈现基于组合出行的"轨道交通走廊＋交通枢纽＋地区中心"大都会城市空间结构。近几年来虹桥国际开放枢纽南北两翼的规划建设,极大地促进了沪宁发展轴和沪杭发展轴(G50 科创走廊)的发展,使上海城市总体规划迎来了一个新的发展时期。

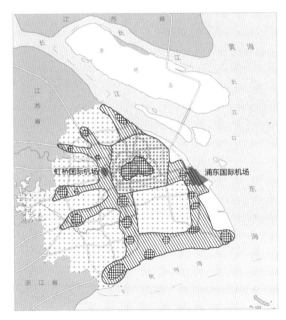

(a)"上海城市交通与空间结构规划研究"
报告中的城市空间结构示意图

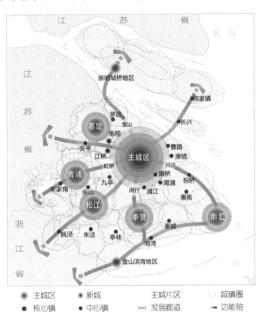

(b)"上海市城市总体规划(2017—2035 年)"
对上海市未来城市空间结构的描述

> **图 6-2**　上海市城市空间结构规划

① 　参阅:《大都会:上海城市交通与空间结构研究》,上海科学技术出版社 2004 年出版。

6.1.2 轨道交通带来的时空变化

今天，在上海地铁车站，人们经常可以看到一张变形的"上海轨道交通地图"（图 6-3）。这是一张说明上海人心目中郊区时空关系的图。在这张图中，城市外环线内外的比例是不一样的，外环线以外地区的面积和距离都被严重压缩了，看起来郊区的宝山、嘉定、青浦、松江、奉贤都离市中心不那么远了。这很有意思，这张图表述出由于城市轨道交通的快速、便捷、可靠，实际上是缩小了上海郊区与市中心之间的时空距离。

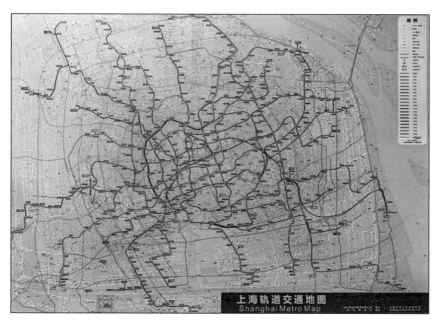

> **图 6-3** 郊区空间被压缩的上海轨道交通地图示意

多数情况下，上海本地人和来上海的旅行者使用的都是如图 6-4 所示这张上海城市轨道交通地图。人们出行时关注的主要是自己从这个站到那个站去中间有几站，其实关注的就是相互之间的关系。这张图只表述出每条轨道交通线的颜色、各车站之间的关系、换乘站等不多的一些要素，但从这张地图中可以看到凯文·林奇（Kevin Lynch）提出的城市意象形成的各要素，即节点、边界、道路（河道）、区域和标志性建筑。上述各要素在现实中，在基于现代城市轨道交通的城市环境中都是融为一体的。当各大要素相互穿插、重叠在一起，其相互的关联度越高，就说明这一地区越成熟。现在，上海以轨道交通车站的站前广场为节点，车站站房为标志物，以其服务范

围为区域，以车站的辐射范围为边界，其间道路、河浜、轨道等交通线路穿插，所形成的城市意象，
实际上就是上海城市轨道交通时代所重筑的城市意象。

> **图 6-4** 上海城市轨道交通示意图

在上海，人们在出行时，早年只关注从出发地到目的地的"实际距离"；有了轨道交通之后就
开始关注时间、空间两个因素共同作用的"时空距离"；现在，则已经进入仅关注车站与车站之间
隔着哪几座车站的"相互关系"的新时代。

从图 6-4 中还可以看到，城市轨道交通在环线内呈网状布置，在环线外就呈放射状。上海的
轨道交通环线与城市高架的内环线基本相当，但并不完全重合，它基本上框定了高密度的城市中
心区。这很重要，由轨道交通支撑的大都会中心区的最后一段交通距离应该是用步行来完成的，
而环线以外的轨道交通就可以用多种交通方式来接驳。环线外的城市轨道交通应在城市组团中

穿行，以车站为核心形成地区中心，同时也有利于市民依靠城市公共交通体系出行。在这个方面，上海轨道交通的布局与北京的轨道交通选线思路是不同的（图6-5）。在上海，多数轨道交通线路是在城市主干道围合的城市街区中穿行的，车站设在街区的中心位置；北京则大多在街区的边缘，即城市干道下方实施。因此，上海的城市空间结构在向郊区拓展时，可以随城市轨道交通的发展重筑大都会的空间结构，同时在与长三角城市群对接中能够游刃有余。而北京的城市轨道交通，由于布局规划与城市干道系统同构（图6-6），没有能够很好地起到重筑城市空间结构、对接津冀城市群发展规划、改变城市发展中"摊大饼"模式的作用。

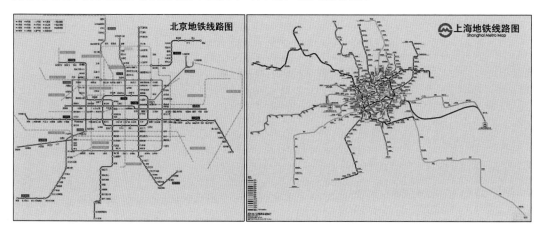

> 图6-5　京沪地铁线路现状图

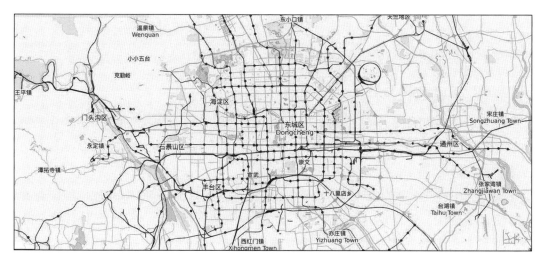

> 图6-6　轨道交通网与城市道路网同构示例

6.1.3 轨道交通环线与枢纽

城市轨道交通环线的本质是"枢纽",目的是为旅客提供换乘的便利。当城市只有两条轨道交通线路时,两线交叉的车站就是那个"枢纽",三条轨道交通线路在市中心交叉时就可能会出现1～3座换乘车站,其实这个时候就有了换乘的概念。当轨道交通线路数量进一步增加,在市中心的车站也会增加,用一条轨道交通线路联系这些枢纽,就有可能让旅客在每次轨道交通出行中的换乘次数不超过2次。这就是轨道交通环线发展的三种模式(图6-7)。因此,从交通规划的角度来说,城市轨道交通的环线最好是要串联城市内、外交通枢纽,包括铁路车站、城市轨道交通车站、长途巴士枢纽站、公共汽车枢纽站,以及人流集散地,如大规模体育中心、会展中心等。同时,城市轨道交通环线也不宜太大,因为环线太大会降低其作为枢纽的效率,会导致环线变成联络线,甚至退变成为一条普通的轨道交通线路。

上海城市轨道交通规划布局中有一个问题,那就是环线在浦西部分偏大,在过了上海火车站之后就应该向南了,如果环线的西环部分能够走江苏路就比现在要好得多(改造的可能性现在依然存在)。

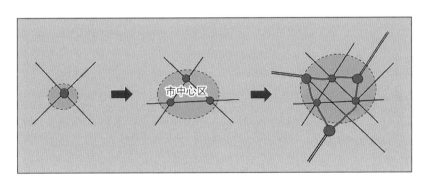

> **图 6-7** 城市轨道交通环线的本质是"枢纽"

6.1.4 基于轨道交通的大城市空间结构

综上所述,基于城市轨道交通的城市空间再筑将会是这样一个进程:随着轨道交通的快速建设,一条条以城市轨道交通为骨干的新的城市公共交通走廊会快速形成,各轨道交通车站作为核心将会迅速集聚各种公共设施,形成各具特色的地区中心,如集聚商务、商业、文化娱乐设施等,形成商务、商业中心;也可能是形成不同群体集聚的地区中心,如年轻人的时尚中心、孩子们的补习中心、中年人的健身中心等;甚至是形成电器销售集聚地、家装家具销售地;等等。这样一来，过去那种基于道路交通蔓延的城市发展模式就开始向以轨道交通为轴的轴向发展模式转变。而在市中心地区，密集的城市轨道交通网络的形成，可以为市中心地区提供半径小于 500 m 的轨道交通车站服务（图 6-8）。

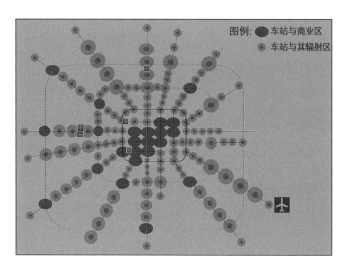

> **图 6-8**　大都会的城市空间结构模型

　　显然，城市轨道交通所支撑的城市发展模式与以道路交通为基础的城市发展模式完全不同，它们各自所形成的城市空间结构和城市景观也是大相径庭的。在城市群的发展规划中，这些以轨道交通为轴的空间结构与基于城际高铁的城市群空间结构相容度极高，可以非常方便地实现城市与城市之间的无缝对接。

6.2　基于高速铁路和民用航空的城市群空间规划

　　说到基于铁路的城市群的规划建设，我们总是要提到日本的东京、大阪、名古屋三大城市群。特别是东京城市群，其几千公里不同标准的铁路将城市群中的众多城市连为一体，形成世界上最有代表性的"铁道上的城市群"。它们对我国城市群的规划建设有很好的借鉴作用。

6.2.1　东京的城际铁路网与铁路环线

　　东京城市群由东京都、埼玉县、千叶县、神奈川县共一都三县组成（也有说含茨城县南部的），总面积约 13 557 km²,占日本全国面积的 3.5%,人口多达 4 000 多万人,占日本全国人口的三分之一以上,地区生产总值更是占到日本全国的一半。

东京城市群的轨道交通系统出国铁(已改造成为混合所有制)、私铁、地铁(地方政府所有)和其他轨道交通方式的多家运营商运营。运营国铁的东日本旅客铁道公司,是以日本关东地方、东北地方为主要运营范围的铁路公司,在东日本共营运 69 条线路(图 6-9),线路总长为 7 457 km,日均运送乘客量达 1 710 万人次,是东京城市群最大的客运铁路运营商。

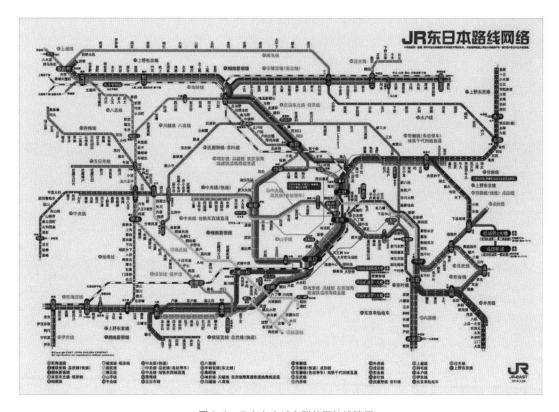

> **图 6-9** 日本东京城市群的国铁线路网

同时,东日本旅客铁道公司还承担城市内部轨道交通运营的职责,许多线路都是城际与市内连通运营的。从图 6-9 也可以看出,东日本旅客铁道公司的主要线路都以不同的方式与东京的铁路环线(山手线)直接相连。这很重要,这说明所有的城际铁路都是可以开行到市中心区的。

东京铁路环线山手线(图 6-10 中的绿色环线)的建设大约始于 1870 年代,经历了一个漫长的过程，直到 1925 年才完成环线基础设施的贯通，1927 年开通了每 4 min 一班环状运行的通勤列车。山手线全长为 34.5 km，共设有 30 座车站，除了目白站和新大久保站，其余 28 座车站均可与其他铁路进行换乘。东京都营地铁三田线、南北线、千代田线、日比谷线、银座线、新宿线、半藏门线、有乐町线、浅草线以及大江户线均可与山手线进行换乘，其中银座线和大江户线与山手线有多次交汇，其余线路则与山手线有两次交汇。在山手线东侧，京浜东北线从品川至田端与山手线共线运营；而在山手线西侧，埼京线和湘南新宿线从大崎至池袋与山手线共线。上野和东京可换乘东日本旅客铁道公司运营的东北新干线，而在东京和品川可换乘国铁东海铁道公司运营的东海道新干线。此外还有多条以山手线为起点呈放射状开往东京周边的私铁线，比如以新宿为起点的小田急电铁小田原线和京王电铁京王线，以秋叶原为起点的首都圈新都市铁道筑波快线等。山手线列车以 11 节车厢为一编组，其使用的车辆不断更新，目前运营中的列车有 E231 系500 番台和 E235 系两种。

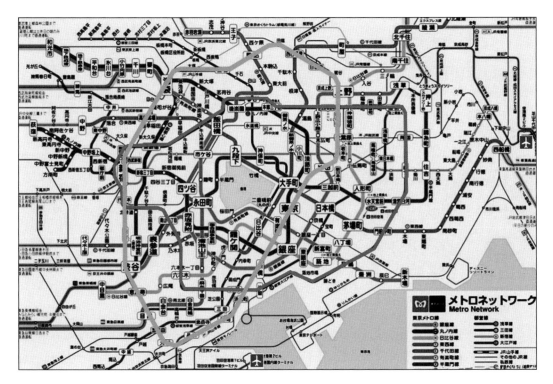

> **图 6-10**　东京的铁路环线和地铁环线

到 20 世纪末的时候,山手线已经非常拥挤,于是东京都政府交通局的东京都地铁建设股份公司在 1992 年 2 月 1 日开始建设环状部分(图 6-10 中的红色环线),并称其为大江户线。大江户线同时也是东京的地铁线路中唯一有环状部分的线路,将原本略呈放射状的其他地铁线加以连接,因此有"地下山手线"之称。大江户线环状段于 2000 年 12 月 12 日通车(汐留站于 2002 年启用),长 27.8 km,设有 27 座车站,它是东京第一条列车以线性感应马达推进的地铁线路,隧道断面及车辆高度、宽度较一般地铁小是其特点。大江户线原本想借由体量上的缩减来降低建设成本,但线性感应马达技术本身成本颇高,加上线路为大深度地铁线(比如六本木站深达地下 42.3 m)等因素的影响,建设费用大幅增加,票价也因此比其他地铁线路略贵。

　　东京地铁环线和国铁环线的发展历史是值得我们研究的。高速铁路、城际铁路都能够开进市中心区对城市群一体化发展是非常有益的,还有环线的规模(长度、车站数、股道数等),以及环线上每座车站都成为与其他线路换乘的枢纽等,都是成功的做法,都有必要进行深度剖析,拿来借鉴。

　　根据我们对城际铁路接入大都会的案例研究,城际铁路接入方式大概有三种。第一种是直接接入市中心区的铁路环线,这是最理想的模式,上述东京案例就是这种;第二种是接入城市轨道交通环线,这要考虑轨道交通环线的运输能力;第三种是接入大都会的门户型交通枢纽,通常门户型交通枢纽都具备与多条城市轨道交通便捷换乘的条件,比如虹桥综合交通枢纽就规划有 5 条轨道交通线路。现实中,一个大都会地区可能会采用上述三种模式中的多种,最常见的是同时采用第二种和第三种模式。

6.2.2　珠三角城际铁路的探索

　　珠三角城际快速轨道交通,又称"珠三角城际快轨",是为了打造大湾区内便捷的交通圈而规划建设的(图 6-11),它将成为深化粤港澳大湾区城市间互动的最重要基础设施之一。珠三角城际快轨就是我们所说的"珠三角城际铁路",是指珠江三角洲城市群区域范围内部的铁路运输系统。根据国家发展和改革委员会颁布的《中长期铁路网规划》,珠江三角洲城市群地区按要求在优先利用高速铁路和普通铁路开行城际列车服务城际功能的同时,规划建设支撑新型城镇化发展、有效连接大中城市与中心城镇、服务通勤功能的城市群城际客运铁路,建成城际铁路网。

　　珠三角城际快轨连接的地级市和特别行政区有广州、深圳、珠海、东莞、佛山、中山、江门、惠州、肇庆、清远、香港和澳门。除了广佛地铁外,其他城际铁路都由广州地铁集团旗下广东城际铁路运营有限公司负责投资建设和管理经营。珠三角城际快轨能与既有的国家铁路网兼容互通,

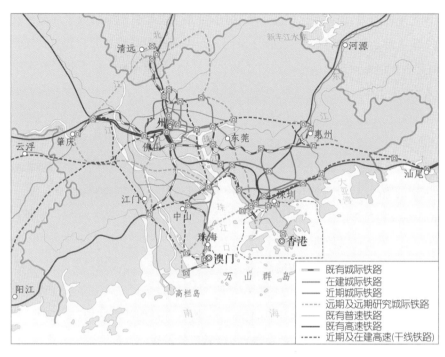

> **图6-11** 珠三角城际快轨规划示意图

采用标准重轨铺设，可以运营国铁动车组，购票和乘车方式与搭乘其他国铁列车完全一致，不是轻轨，也不是城市轨道交通。

2020年11月30日，广清城际和广州东环城际开通，两条线路均由广州地铁集团自主运营。加上接管的佛肇城际、新白广城际、珠三角城际琶洲支线、广佛南环、广佛东环等，广州地铁集团正逐步接手运营粤港澳大湾区的14条城际铁路，里程长达700 km。针对大湾区轨道互联互通需求，广州地铁集团引入了CBTC信号系统（Communication Based Train Control System，基于通信的列车自动控制系统）及站台候车、付费区换乘等体系；针对公交化运营的需求，提出了城际公交化运营模式，并新增公交化多元支付票务系统等相关规定；针对一体化管理需求，提出了湾区轨道一体化运营、一体化票务、一体化调度、一体化救援、一体化维修、一体化服务等一系列制度。

在运营方面，通过借鉴运用地方城市轨道交通"小编组、高密度、公交化"的运营经验，广东优化了城际铁路运营服务，推动了调度、票务、安检、应急等方面的一体化运营管理。为了进一步提升运营效率和服务水平，广东先行应用城际铁路多元乘车支付票务系统，采用"大站停＋站站停"

组合,以及旅客站台候车、随到随走的公交化运营模式,满足群众多样化的出行需求。广深城际铁路按照日常线、周末线、高峰线和"一日一图"策略组织列车开行,新图大范围采用"站站停"的公交化模式运行,全力满足沿途各站商务、通勤等客流需求。

　　珠三角城际铁路这种"铁路的速度＋地铁的服务＋一体化的治理模式"是一种了不起的探索,它发挥了我们的制度优势,促进了湾区城际交通加速迈进网络化、公交化运营的新阶段,为大湾区经济社会运营的一体化和高效率奠定了坚实的基础。

6.2.3　长三角城际高铁网

　　在前一章中,我们已经详细介绍了"铁道上的长三角"(图 6-12)。长三角的体量很大,比上述两个城市群都要大很多,要实现长三角的一体化就必须依靠城际高铁、国家干线高铁的规划建设来实现。那么为促成长三角的一体化,"铁道上的长三角"建设得怎么样了呢?

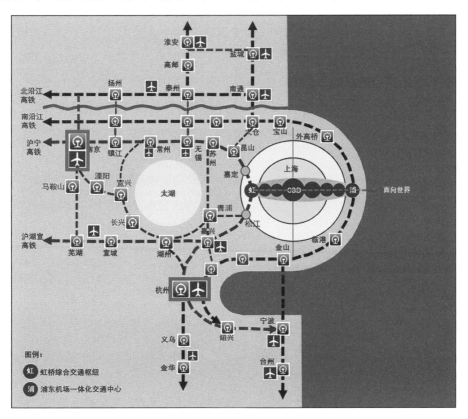

> **图 6-12**　以上海为龙头的"铁道上的长三角"

首先要说的是,现在西方国家的城市群大多数都是建立在高速公路基础上的城市群,而长三角的城市群是建立在高铁(加地铁)上的城市群,是建立在快速轨道上的城市群,是完全一体化的城市群。

现在,人们乘高铁从上海到江苏的南京最快 1 h,从南京到浙江的杭州也仅需 1 h,从杭州到上海仅需 40 min,沪宁杭三大都市圈已经是一个初步实现了一体化的城市群。而从上海乘高铁到地区生产总值达 5 000 亿元的江苏昆山市只需要 15 min,从昆山到地区生产总值达 2.4 万亿元的苏州仅需 10 min,从苏州到地区生产总值达 1.5 万亿元的无锡也仅需 10 min,从无锡到地区生产总值达 9 550 万亿元的常州仅需 15 min,从常州到地区生产总值达 5 000 亿元的镇江仅需 17 min,从镇江到南京仅需 18 min,从南京到安徽的马鞍山仅需 16 min,从马鞍山到芜湖仅需 17 min,从芜湖到铜陵仅需 22 min,从铜陵到安庆仅需 30 min。请注意,我这里说的不是城市边界到城市边界的时间,而是高铁站到高铁站的时间,也就基本上是市中心到市中心的时间,城市与城市之间的城市建成区实际上是连绵不断的。

这就是铁道上的长三角！这就是长三角的一体化！

其次要说的是,在长三角现在有许多人天天乘高铁上下班。有很多人,家住在无锡的锡东新城,而在上海上班;家住在苏州的相城区,在上海上班;还有更多的人,住在昆山、嘉兴,在上海上班。同样有很多人,家住上海,而在昆山、苏州、无锡、嘉兴上班。在这里,市民与市民之间逐步达到了工作、生活无隔阂、无差别。

这就是高铁上的长三角！这就是长三角的一体化！

最后,如果大家看绍兴的地铁线网图,会吃惊地发现:绍兴的地铁网络怎么回事？怎么比南京的线网还大?！再仔细看,原来因为绍兴地铁跟杭州地铁是连在一起的。这就是在告诉我们,城市与城市之间是无边界的。

这就是轨道上的大都会！这就是长三角的一体化！

因此,城市群的一体化不在乎有什么,而关注无什么:无隔阂、无差别、无边界、不间断!

6.2.4   基于城际铁路的城市群空间结构

综上所述,如果没有城际铁路、高速铁路的支撑,是不可能有一个空间结构合理高效的城市群的。很幸运,我们有了自己的高速铁路。

由城际铁路、城际高铁、国家干线高铁为主体构成的城际交通走廊会联系起城市群内的核心城市,很快就会形成轴向发展。主轴上的城市会集聚生产要素,得到快速发展,很快成长为城市群的主要城市,并在空间拓展中连为一体。然后这些主要城市还会沿着其他交通方式形成的发展轴进一步拓展,带动周边城镇的发展壮大。最后,通过长时间交通基础设施的规划建设和经济社会的发展,城市群所在区域内就会从轴向发展模式,逐步转化为网络化的格局。这就是城市群空间结构进化的规律,图 6-13 所示就是城市群空间结构的模型。

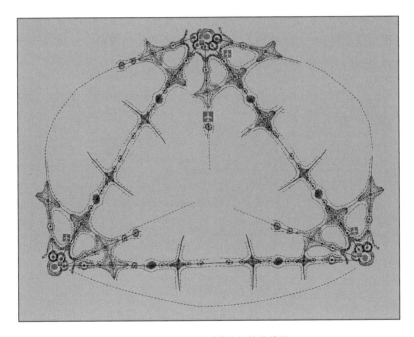

> **图 6-13**　城市群的空间结构模型

　　我在此要重复强调一下,在这个城市群空间结构模型中,除了各城市的门户型交通枢纽,在这些以城际高铁为主体的交通走廊上还有很多个航空型门户枢纽。这些航空型门户枢纽及其周边的航空城也是城市群的重要组成部分。这些由航空和高铁组成的空铁枢纽将城市发展的两大发动机集成在一起,它在城市群规划中的作用和对城市群空间结构的影响是爆炸式的,其爆发出的能量一加一是要远远大于二的。空铁枢纽将我们的城市群空间向高空拓展,让城市群能够更方便地联通世界。无论是在大都市圈发展战略上,还是在城市群的规划中,也无论城市之间离得近,还是离得远,空铁枢纽都会在城市群的空间构筑中爆发出人们意想不到的能量。

　　空铁枢纽是城市群空间重筑和拓展最有用的工具。我们一定要高度关注空铁枢纽群、关注它们所形成的空铁枢纽网络。高铁上的机场群和高铁上的城市群合一，将会彻底改变我国城市群的空间结构和城市群与城市群之间的关系。很有可能，这就是中国式世界级城市群的第一特征。

6.3　基于大运量公共交通的组合出行论

综上所述，当今这个时代，大运量公共交通不仅改变了人们的出行方式，而且正在改变我国的城市和城市群空间结构，由此新的理论体系应运而生，这就是组合出行论。

组合出行论是由一系列新的理念所生成的词汇来构建的，对这些核心词汇的科学定义，构成了组合出行论理论框架的基石。

首先，"组合出行"是指通过多种交通方式完成一次出行的交通行为。

组合出行论有以下几个关键的概念：出行链、大运量公共交通、一小时通勤圈、一日交通圈、交通走廊、交通枢纽、门户型交通枢纽、空铁枢纽、地区中心、城镇中心、枢纽产业、枢纽产业链。

"出行链"是组合出行论的起点。出行链是指以出发地为起点，包含一个或多个中途换乘点，最终到达目的地的出行活动。它是基于大运量公共交通系统的，它是与私家车出行相对立的，它是与以小汽车为代表的从出发地到目的地只用一种交通方式来完成的出行相对立的。

"大运量公共交通"是相对于小运量个体交通而言的。在本书中泛指运量大于公共汽车的各种大中运量的城市轨道交通、普通铁路、城际高铁（又称城际客运专线）、高速铁路、民用航空等。这里所说的大运量公共交通除了运量大和公共属性，还强调其系统可靠性和准时性。

"一小时通勤圈"是指市民从家中通过经济、快速、便捷的交通方式实现点对点之间一小时左右到达工作地所能覆盖的区域。"一小时通勤圈"主要通过高速铁路、城际高铁、高速公路、市域铁路和轨道交通等交通方式实现；海岛、偏远山区可通过通用航空短途运输方式实现。国家发展和改革委员会发布的《关于培育发展现代化都市圈的指导意见》明确提出，大都会地区（都市圈）要以"一小时通勤圈"为基本范围。《中华人民共和国国民经济和社会发展第十四个五年规划和2035年远景目标纲要》也明确指出，要依托辐射带动能力较强的中心城市，提高"一小时通勤圈"协同发展水平，培育发展一批同城化程度高的现代化都市圈。

"一日交通圈"是指市民当日往返加工作所能覆盖的区域，事实上就是中心城市所能辐射的经济圈，也就是本书中所说的城市群。"一日交通圈"的大小可以从一个侧面反映城市和城市群的能级。"一日交通圈"有多大取决于主体交通方式的速度和可靠性。以上海为例，历史上很长时期依靠道路和水运，上海的经济圈就是苏锡常加杭嘉湖；高速公路出现以后，就拓展到宁沪杭；有了高速铁路，现在长三角15市形成的城市群都进入了上海的"一日交通圈"。如果考虑航空的话，整个东亚和一部分东南亚地区也都已进入上海的"一日交通圈"。

"交通走廊"在本书中是指以大运量公共交通为主体，包含其相关喂给交通设施和城市市政公用设施等构成的带状复合系统及其所用的城市空间。其中大运量公共交通在本书中是指具有高能力、高效率、高标准的运输方式。具体来说，本书中就是指城市轨道交通、城际铁路、城际高铁和国家干线高速铁路；喂给交通是指与城市轨道交通和城际铁路换乘的其他各种交通方式。交通走廊内通常还会有各种市政公用设施，如水电气、通信、绿化等城市基础设施同行。

"交通枢纽"是不同运输方式的运输线路在网络中的交汇点上的旅客换乘设施，是一种运输方式的多条线路或多种运输方式的交叉与衔接之处。交通枢纽是办理旅客中转、发送、到达所需的多种运输设施的综合体。由同种运输方式两条以上线路组成的枢纽为单一交通枢纽；由两种以上运输方式的线路组成的交通枢纽，一般称作综合交通枢纽。交通枢纽是国家综合交通运输体系的重要组成部分，是协调运营、组织旅客联运的综合服务设施。交通枢纽是由复杂的交通设备与建筑组成的综合体，一般由车站、港口、机场为完成旅客进出、中转，以及各种技术作业所需的各种设施、设备等组成。

"门户型交通枢纽"是指以市内交通与城市对外交通换乘为主要功能的交通服务设施。门户型交通枢纽也是城市服务区域经济的关键性设施，它的规模和能级往往就是城市规模和能级的反映。门户型交通枢纽总是能够集聚各种交通方式，从而也就会集聚大量的商贸和旅游人流，为城市中央商务区（CBD）或公共活动中心（CAD）等城市核心性设施群的集聚和发展提供了可能。

"空铁枢纽"是指城际高铁、国家干线高铁在机场旅客航站楼前设站所形成的一体化的空铁换乘设施。高速铁路与民用航空是我们这个时代的代表性交通方式，它们结合所生成的是一种能级最高的门户型交通枢纽。如果是国际机场的话，该空铁枢纽就被赋予了口岸功能，会更加活力四射。

"地区中心"在本书中是指以城市轨道交通车站为中心，在其周边地区形成的公共设施集聚和人口集聚、产业聚集地域。

"城镇中心"是指以城际高铁、国家干线高铁车站为中心，吸引居住人口和产业入驻，从而在其周边地区形成的城市中心区。这两种中心的形成，既包括既有市区的再集聚和空间再筑，也包括新的城市用地上的新集聚和新开发。

"枢纽产业"是指充分发挥枢纽的要素集聚、流通功能，通过技术和制度创新，优化资源要素的时空配置，在枢纽周边重塑的产业分工体系和生产力空间布局。有枢纽就有人流的集聚，就有各种生产、生活要素的集聚，也就一定有枢纽产业。枢纽产业是推动经济高质量发展的重要支点。也就是说，枢纽产业是在创新驱动基础上，围绕枢纽区域形成的现代服务业发展的新链条，即"枢纽产业链"。产业链是产业形成、运营、发展的内在逻辑。

所有这一切概念所带来的变化，都基于居民出行模式的改变，即从单一交通方式出行向多交通方式出行的改变，也就是向组合出行的改变。组合出行论的核心内涵就是"出行链"和"交通走廊＋交通枢纽＋城镇中心"模型。我们把这所有的改变，以及因为这些改变所带来的新的交通结构和新的空间发展模型、新的城市和城市群空间环境景观等理念和模型全部整合在一起，称为"组合出行论"。

本章小结

在本书中，组合出行论所描述的城市和城市群空间结构，在大城市中呈现出"轨道交通走廊＋交通枢纽＋地区中心"的空间景观，在城市群和区域规划中则呈现出"城际铁路走廊＋门户型交通枢纽＋城镇中心"的空间景观。进一步整合"轨道交通走廊＋交通枢纽＋地区中心"模型和"城际铁路走廊＋门户型交通枢纽＋城镇中心"模型，我们可以将其改写成"大运量公共交通走廊＋综合交通枢纽＋各种城镇中心"模型。大运量公共交通走廊的关键是形成交通走廊；综合交通枢纽各有不同的特征和规模，其核心是换乘和集散，即交通枢纽；各种城镇中心串联起来形成轴向发展，要点是以交通枢纽为核心的城镇中心被大运量公共交通连成了一串。因此，我们也可以将模型简化为"交通走廊＋交通枢纽＋城镇中心"，这个模型适用于对城市和城市群的空间描述及发展规划。

综上所述，所谓"组合出行论"就是这些概念和模型的总和，其关键词就是"出行链"和"交通走廊＋交通枢纽＋城镇中心"。

第 7 章

结　语

各个不同的时代都有自己的代表性交通方式及其与之相适应的交通规划和城市(群)空间规划的理论。我们的时代已经有多个大运量公共交通方式脱颖而出,它们正在拓展、重筑我国的城市(群)空间结构。我们应该创造出适应当今这个时代的交通规划理论、城市规划理论。

7.1 从"设施"到"出行"到"出行链"

做交通规划与设计的人大多来自工程专业。建筑专业出身的我,刚开始对交通的研究也是从"设施"规划设计出发的,等到有一天,我发现"所有的设施都是为运输而生的",才逐步对"运输"感兴趣。后来,通过自己的认真思考才明白"运输才是交通设施规划建设的需求和目的所在"。再后来,我才认识到交通的主体是人,也就是人的出行行为才是问题的关键所在。于是才把自己研究的重点聚焦在居民和旅客的"出行"上来,才对出行产生了极大的兴趣。到最后,我才终于认识到"出行链"才是交通规划研究的核心、本质、要害所在,"出行链"才是决定城市形态和城市结构的内在逻辑。不把"出行链"研究清楚,就不可能规划好交通运输,也不可能规划好城市空间。

"出行链"的形成,既取决于交通,即交通设施的布局,又取决于居住和工作,也就是住宅布局和产业分布。

我们都说交通运输是城市空间发展的骨架,但是这个骨架的逻辑是出行链。因此"出行链"才是城市空间发展的内在逻辑。

7.2 基于大运量公共交通的城市(群)空间再筑

不同的时代都有自己的代表性交通方式,不同的交通方式又会带来不同的城市空间发展模式。我们这个时代有三样东西正在改变城市、城市群的空间景观,那就是轨道交通、高速铁路和民用航空。轨道交通正在重筑城市空间,推动城市景观的改变和升级;高速铁路和民用航空正在拓展城市群规模、提升城市群的效率,从而推进城市群的一体化,彻底改变我们对城市群和经济圈的认识。

轨道交通、高速铁路、民用航空都是我们这个时代的代表性交通方式,都是大运量公共交通。基于大运量公共交通的组合出行,既改变着城市与城市群的交通结构,同时也改变着城市与城市群的空间结构、产业结构和居住结构。近几年，我国总人口增速明显放缓，生育水平持续走低，但有上述三个大运量公共交通体系的支撑，还会有更多的人到城市里来生活，我国大城市、城市群的人口总数和人口密度还将会有进一步的提高，城市和城市群还将进一步发展壮大。

基于上述大运量公共交通系统，无论是大城市、大都会内部，还是城市群的空间环境都将呈现出沿大运量公共交通线路拓展或重筑的空间结构——"交通走廊＋交通枢纽＋城镇中心"。未来，在中国的各个大城市和各大城市群都将呈现出类似于"轨道上的上海"和"铁道上的长三角"这样一幅幅全新的图景。毫无疑问，这将成为中国式高密度城市和城市群发展的重大特征之一。

而所有这一切，都基于大众出行模式的改变，即从"单一交通方式出行"向"多交通方式出行"的改变，也就是向"组合出行"的改变。我们把这所有的改变，以及因为这些改变所带来的新的交通结构和新的城镇空间发展模型、新的城市和城市群空间环境景观等理念和模型全部整合在一个完整的理论体系之内，就称之为"组合出行论"。

7.3　组合出行论的核心理念

在今天的中国，城市轨道交通正在改变着大中城市的空间格局和特征，推动着我国城市景观的快速变迁。高速铁路正在拓展我国的各大城市群的规模、提升城市群的运营效率，正在改变我们对区域规划和城市群规划的认识。民用航空正在改变着我国城市群的时空关系，不断强化城市与城市、城市群与城市群之间的经济社会联系，正在改变着我们的国土空间概念。

这些大运量公共交通系统，都带来了居民出行模式的改变，即从"单一交通方式出行"向"多交通方式出行"的改变，也就是向"组合出行"的改变。

随着这一改变，一方面人们的出行链越来越完善；另一方面，无论是大城市内部，还是城市群，其空间环境都将呈现出沿大运量公共交通线路拓展或重筑的"交通走廊＋交通枢纽＋城镇中心"景观。

这就是组合出行论的核心理念，即"出行链"和"交通走廊＋交通枢纽＋城镇中心"模型。这既是我们对基于大运量公共交通的城市和城市群空间发展规律的认识，也是指导我国未来城市规划、交通规划的基础理论和方法论。

总之,本书的目标就是希望各位读者能够淡化"土建""道路""交通""立交""交通设施"等概念,能够记住"组合出行""出行链""交通走廊""交通枢纽""综合交通枢纽""门户型交通枢纽""空铁枢纽""城镇中心""枢纽产业""产业链"等词汇以及它们的新内涵。记住这些词汇所包含的新的理念,摆脱那些过气的理论,将有利于我们规划建设新时代的城市、大都会和城市群!

附　录

英文目录和内容概要

Contents

Summary

Following four decades of Reform and Opening Up, China has achieved remarkable success across a spectrum of domains, with transportation advancements capturing particular attention. After years of technological progression and economic growth, China's urban rail transit sector has witnessed swift development since the turn of the millennium. By the close of 2023, the mainland boasted an impressive 11,224.54 kilometers of urban rail transit networks, securing its position as the world's foremost network in terms of length. In tandem, China's high-speed rail network has also experienced rapid expansion since 2011, reaching a staggering 45,000 kilometers by the end of 2023—the longest such network globally. Both urban rail transit and high-speed rail constitute critical components of mass public transportation systems. The establishment and operation of these extensive networks are bound to exert a significant impact on the spatial structure of Chinese cities, reshaping the urban landscape and enhancing connectivity on a national scale.

We are witnessing the dawn of a new era characterized by the reorganization and expansion of urban spaces. In this contemporary landscape, we are confronted with the novel challenges and opportunities brought about by advanced transportation technologies. It is imperative that we delve into the development of an innovative "cities (and agglomerations) spatial development model" that incorporates rail transit and high-speed rail to steer urban and regional growth. The focus of these studies should break away from the traditional emphasis on transportation infrastructure. Instead, they must concentrate on examining "passenger travel" and "travel chains", shedding light on the intricate dynamics of how people move and the patterns that emerge from their journeys.

1. New mode of mobility in metropolises: combined travel

Prior to the emergence of urban rail transit, China's urban transportation network predominantly relied on buses and bicycles. The travel distances these two modes could cover were quite limited, which significantly hindered the expansion of Chinese cities and compromised their operational efficiency.

In general, the typical distance between urban rail transit stations ranges from 800 to 1,500 meters, which is more than double the 300 to 500 meters that usually lies between bus stops. Although the station intervals in urban rail transit have significantly increased, rail transit remains more efficient, reliable, and safer due to its dedicated tracks and right-of-way. It also offers a greater transportation capacity. Typically, an urban rail transit line spans 15 to 30 kilometers, with the ability to handle a cross-sectional passenger flow of up to 80,000 passengers per hour. Compared to public buses, cities served by an urban rail transit system experience a substantial expansion and enhancement in scale and density.

Conversely, rail transit has the flexibility to operate trains at varying speeds, allowing both fast and slow trains to share the same tracks. This multi-speed operation, combined with diverse operational modes at various intersections, can significantly expand our urban landscape. It enables urban areas with different distances from the city center to achieve similar travel times, thereby further broadening our urban reach. For instance, residents living 60 kilometers away from the city center can potentially reach the heart of the city in roughly the same amount of time as those residing 30 kilometers away, thanks to the implementation of express train services.

Once urban rail transit is established, it significantly transforms the urban transportation structure within the catchment areas centered around rail transit stations. Historically, buses, bicycles, and walking served as the primary means for short-distance travel. However, with the advent of rail transit, these modes shift to become various feeder methods to the nearest rail transit stations. Bicycles, for instance, transition from long-distance travel to being the preferred choice for the first and last mile of a journey (as depicted in Figure 1), while buses are repurposed to connect different rail transit stations (as depicted in Figure 2). Rail transit enables our trips to be completed not by a single mode of transportation but through a combination of modes, a concept we refer to as "combined travel".

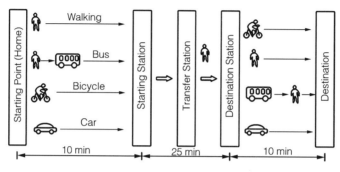

> **Fig. 1**   Urban rail transit-centric travel chain

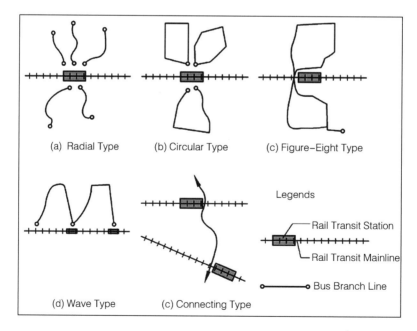

> **Fig. 2**   Bus feeder services: operation modes for rail transit

The concept of "combined travel" leverages the full benefits of urban rail transit, including its massive capacity, high reliability, and urban resource conservation. It also enables travel that is comfortable, environmentally friendly, efficient, and safe. In reality, for large cities grappling with extremely high population and building densities, a scarcity of urban space, and significant traffic challenges, vigorously developing urban rail transit and promoting a multimodal transportation system have become the sole viable options. These cities are increasingly recognizing the importance of guiding traffic structure adjustments to facilitate "combined travel". In well-developed transportation systems within large urban centers, establishing a multi-tiered public transportation network through the integrated operation of various modes of transport ensures the feasibility of large-scale combined travel initiatives.

2. Urban spatial reconstruction based on rail transit

Combined travel is the use of multiple transportation modes to complete a single trip, typically centered around mass public transit. It contrasts with private car travel, which relies on a single mode from the starting point to the destination.

Once established, an urban rail transit system's routes and stations are set in stone, providing a high degree of reliability and certainty for investments in urban infrastructure. As a result, urban rail transit stations become the nucleus around which new concentrations of development emerge through ongoing renovation and construction, leading to the formation of distinct urban regional centers. This concentration is particularly pronounced and extensive at transfer stations that serve multiple rail lines.

Consequently, the trajectory of urban space development along the rail transit line is fundamentally transformed. The previously flat and uniform development pattern, supported by road traffic, gradually gives way to an axial development model centered on the rail transit line. This shift enables strategic adjustments to the city's industrial, building, and population densities, as well as commercial distribution. By strategically placing stations and aggregating relevant facilities around each one, an urban space development model emerges that aligns with the concept of "rail transit corridor + transportation hub + regional center" along the entire length of the rail line (as shown in Figure 3).

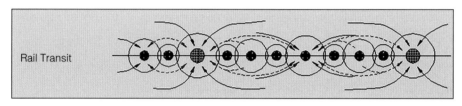

Rail Transit

> **Fig. 3**　"Rail transit corridor ＋ transportation hub ＋ regional center" model

Rail transit systems can offer both fast and slow services, with varying speeds creating distinct perceptions of time and space. These differences in turn influence the value of urban land and the concentration of urban public facilities. Under this development model, significant agglomerations tend to form around express stations and major interchanges within the urban rail network. The clustering of public facilities, centere on these hub stations, creates urban centers of varying scales, each serving the surrounding areas within different radii.

Extensive analysis and study of benchmark cases from around the world reveal that the radius of these "surrounding areas" typically ranges from 500 to 1,000 meters. This aligns with the principles of urban rail transit planning. For instance, the development of Shanghai's "rail transit basic network" targeted for the year 2010 has resulted in a map delineating an area within a 500-meter radius centered around each station (as shown in Figuer 4). This approach underscores the importance of rail transit in shaping urban development and the distribution of public amenities.

In this development model, the vicinity of each urban rail transit station within a 500-meter radius inevitably becomes a hub for the concentration of public facilities. This results in significant population clustering, heightened building density, and increased traffic flow. Centered around the station, a subcenter of the city emerges, each with distinct functions and characteristics. These subcenters may specialize in business, commerce, services, retail, culture, entertainment, or exhibitions, attracting diverse groups of people. Consequently, the formation of an urban rail transit network firmly anchors the city's spatial structure. This new urban spatial configuration is well-suited for multimodal mobility, marking a significant departure from the urban spatial landscape dominated by a single mode of transportation, such as personal cars. This contrast is exemplified by the differences between Tokyo and Los Angeles, where the former has embraced

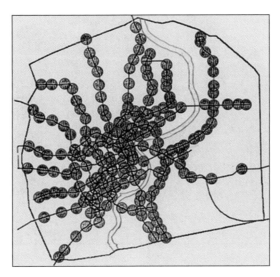

> Fig. 4 Shanghai's basic rail transit network: Coverage within a 500-meter radius

rail transit as a backbone of its urban fabric, while the latter has been more car-centric.

3. Combined travel based on the combination of high-speed rail and civil aviation

There is a recognizable pattern regarding the user density and the distances traveled by different modes of transportation (as depicted in Figure 5). Walking is suitable for short distances with a very high user density, making it a universal choice for short trips. Cycling extends the range slightly but has a lower user density compared to walking. Car travel covers longer distances with a lower user density. Public buses see an increase in user density, and urban rail transit experiences an even higher concentration of users, though their use is primarily confined to urban settings. Railways accommodate a high user density over considerable distances, while high-speed rail services boast an even greater user density and extend travel distances further. Civil aviation, on the other hand, has a lower user density than railways but covers greater distances than high-speed rail, connecting distant locations efficiently.

Transportation modes are intrinsically linked to the infrastructure that facilitates the growth of urban spaces, with each mode corresponding to a distinct urban land radius. For instance,

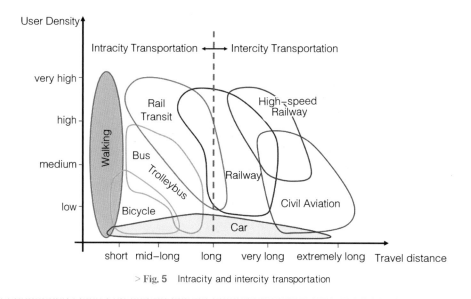

> **Fig. 5**　Intracity and intercity transportation

walking at a pace of 4 to 5 kilometers per hour is typically sufficient for the development of small towns. Public buses, traveling at 10 to 20 kilometers per hour, are better suited for the expansion of small to medium-sized enterprises (SMEs). Subways, with speeds ranging from 24 to 35 kilometers per hour, are crucial for the development of larger and medium-sized cities. High-speed rail and maglev systems, capable of speeds exceeding 300 kilometers per hour, can significantly impact cities within a 300-kilometer radius, thereby fostering regional economic integration. Thus, the scale of our urban spatial planning is, to a considerable extent, contingent upon the speed and efficiency of our transportation systems.

In today's era, high-speed rail and civil aviation are the predominant modes of transportation, defining the concept of a "one-day traffic circle" for modern cities. This concept refers to the area that can be reached with a single trip, allowing for travel between two cities, completing work, and returning on the same day. Specifically, this means departing from one's city of residence to the destination city in the morning, working for about four hours, and then returning home on the same day(as depicted in Figure 6).

To achieve this, it typically takes approximately 45 minutes to travel from home to the integrated transportation hub near the high-speed rail station or airport terminal, and takes about

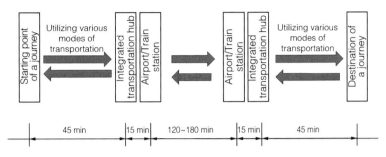

Starting point of a journey | Utilizing various modes of transportation | Integrated transportation hub | Airport/Train station || Airport/Train station | Integrated transportation hub | Utilizing various modes of transportation | Destination of a journey

45 min | 15 min | 120~180 min | 15 min | 45 min

> Fig. 6 A travel chain anchored by high-speed rail and civil aviation

15 minutes to transfer to high-speed rail or air travel within the integrated transportation hub. After arriving at the destination city, it takes about 15 minutes to transfer from the high-speed rail or plane to the gateway transportation hub, and another 45 minutes to reach the final destination within the city using local transportation. The distance one can travel for such day trips is largely dependent on the speed of intercity transportation, which should ideally allow for a maximum travel time of about three hours. Additionally, the efficiency of the intracity feeder and distribution system to the gateway transportation hub must be controlled within 45 to 60 minutes. Lastly, the convenience of the gateway transportation hub itself is crucial, as passenger transfers must be completed within approximately 15 minutes to maintain the feasibility of a one-day round trip.

We place a significant emphasis on the one-day traffic circle because it defines the economic hinterland of a region's central city. Essentially, the extent of a day trip from the central city determines the size of its economic hinterland and the strength of its radiating influence. The larger the economic hinterland and the stronger the radiating capacity, the more competitive and promising the city's development prospects become. This is why central cities are so focused on enhancing their transportation speeds.

Historically, Shanghai's economic hinterland encompassed areas like Hangzhou-Jiaxing-Huzhou and Suzhou-Wuxi-Changzhou. Today, the Hongqiao Integrated Transportation Hub, through high-speed rail and aviation, has expanded Shanghai's economic hinterland to include 15 cities within the Yangtze River Delta. Moreover, it has extended its radiating influence nationwide and even to some cities in East and Southeast Asia. The success of the Hongqiao

Integrated Transportation Hub has set a new standard for the planning and construction of gateway transportation hubs. Consequently, each central city is investing considerable effort and resources into continuously expanding its one-day transportation circle, aiming to bolster its economic reach and development potential.

4. Reconfiguring urban landscapes: high-speed rail and civil aviation's impact on spatial integration

The integration of diverse travel modes necessitates the establishment of numerous transportation hubs to facilitate seamless passenger transfers. Consequently, these hubs become magnets for population growth, leading to the emergence of distinct urban centers. Historically, the development of primary roads gave rise to a string of towns and cities, while the advent of highways further bolstered the prosperity of towns with direct access, causing those bypassed by freeways to experience a decline.

This pattern is mirrored in the evolution from conventional railways to high-speed rail networks, where hub stations exert a similar influence on urban development. Cities thrive and expand where high-speed rail services make their stops. Thus, at the macro level of urban agglomeration and regional planning, a development paradigm emerges that intertwines "a railway corridor", "transportation hubs" and "town centers" (refer to Figure 7). This model underscores the pivotal role of combined travel in shaping the spatial and economic contours of modern urban landscapes.

Each high-speed rail station plays a pivotal role in facilitating the seamless integration of intercity and intracity transportation systems, effectively transforming into a transportation hub that serves as a gateway to the city. These gateway hubs are instrumental in attracting a significant influx of passengers, which in turn catalyzes the concentration of urban public facilities. This concentration often leads to the emergence of new city centers, and in some cases, even the development of entirely new central cities. A prime example of this is the Hongqiao business district, which has evolved into the Central Business District (CBD) of the Yangtze River Delta region through strategic planning and the efficient operation of the Hongqiao Integrated Transportation Hub.

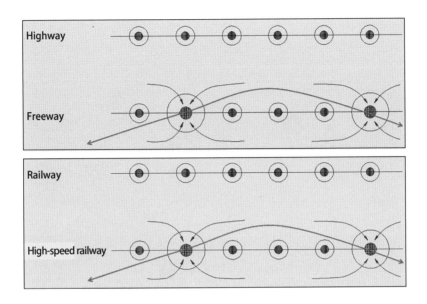

> **Fig. 7** The intercity development paradigm: a railway corridor, transportation hubs, and town centers

In the contemporary era, the air-rail hub, which is the gateway transportation hub formed by the integration of airports and high-speed railways, has become one of the most critical hub facilities in cities and urban agglomerations. Particularly, large-scale hub airports play a significant role in regional planning and the construction of urban agglomerations. The passenger and cargo volumes of airports are now comparable to those of high-speed rail hubs, with the premium nature of aviation passengers and cargo being significantly superior to that of railways.

Taking the Yangtze River Delta as an example, the region is progressively developing an airport system led by Shanghai Pudong Airport, complemented by Xiaoshan Airport and Nantong Airport as the two wings, and supported by Hongqiao Airport, Lukou Airport, Hefei Airport, and Wuxi Airport as the foundation. The connections between these airports, as well as between airport hubs and urban centers, are primarily facilitated by high-speed rail and rail links. Consequently, the air and rail hubs of the Yangtze River Delta are interwoven into a comprehensive network. This network has begun to shape and is now driving the integrated development of the Yangtze River Delta urban agglomeration (as depicted in Figure 8).

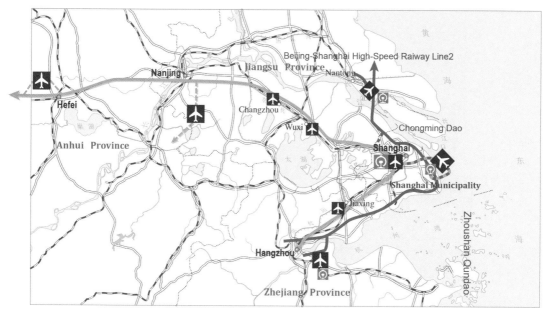

> Fig. 8   Prototype of the"airport + railway" system in the Yangtze River Delta

The air-rail hub represents a confluence of two pivotal urban development engines, exerting a profound and dynamic influence on the planning and spatial structure of urban agglomerations. Its impact is akin to the detonation of a hydrogen bomb, where the nuclear fission of one atomic bomb triggers the nuclear fusion of another, unleashing an energy magnitude that far surpasses the sum of its parts. Whether in the development strategy of a metropolitan area or in the planning of an urban agglomeration, regardless of the proximity or distance between cities, the air-rail hub unleashes an astonishing energy in the spatial configuration of the urban landscape, never failing to exceed expectations.

For the Yangtze River Deltaurban agglomeration and the airport cluster to achieve coordinated development, synchronized operations, complementary advantages, and mutually beneficial outcomes, the planning and construction of an integrated railway network is of paramount importance. The cohesive development of the Yangtze River Delta's airport system is heavily contingent upon the efficiency, convenience, and environmental sustainability of rail links between airports, as well as the seamless integration of airport terminals with railway stations. Such streamlined connections are essential to fulfill the integration demands of a comprehensive land and air transportation network. This, in turn, facilitates the convenient travel of passengers on a broader and more sophisticated scale, fosters regional socio-economic integration, enhances the Yangtze River Delta urban agglomeration's engagement with the national "Belt and Road" initiative, and propels its evolution into a globally influential world-class urban conglomerate.

In the Yangtze River Delta region, the operational launch of high-speed railways such as the Shanghai—Hangzhou line, Shanghai—Nanjing line, Shanghai—Huzhou—Xuancheng line, South Bank of the Yangtze River line, North Bank of the Yangtze River line, and Shanghai—Nantong railway, Xiaoshan-Pujiang railway has rendered the spatial structure of the entire area increasingly distinct. On the traditional development axis of the Nanjing—Shanghai—Hangzhou region, there are already airports such as Hefei Airport, Nanjing Airport, Changzhou Airport, Wuxi Airport, Hongqiao Airport, Jiaxing Airport, and Xiaoshan Airport. Airports along the Yangtze River and the coast, including Yangzhou Airport, Nantong Airport, Pudong Airport, Xiaoshan Airport, Ningbo Airport, Yancheng Airport, Taizhou Airport, and Wenzhou Airport, have also been connected due to the construction of the coastal railway along the Yangtze River, thereby further strengthening the development axes of the coastal and riparian areas. These two developmental axes are intersected by the east-west axis of Shanghai's urban development (as depicted in Figure 9). Moreover, the airports in the Yangtze River Delta have been integrated with the high-speed rail network to varying degrees, forming air-rail hubs of different scales. This integration has placed the Yangtze River Delta airport group and urban agglomeration on a fast track, metaphorically speaking, as if they were riding speeding trains. Indeed, the air and rail hub cluster in the Yangtze River Delta is transforming the very notions of time and space. It is unquestionable that the reach of the Yangtze River Delta continues to expand, and the energy level of this region will be further amplified.

The air-rail hub stands as the most potent instrument for the spatial reconfiguration and expansion of urban agglomerations in the current era. It is imperative that we closely monitor the collective formation of air-rail hubs and the networks they create. The convergence of airport clusters with rail integration and the incorporation of urban agglomerations within such rail

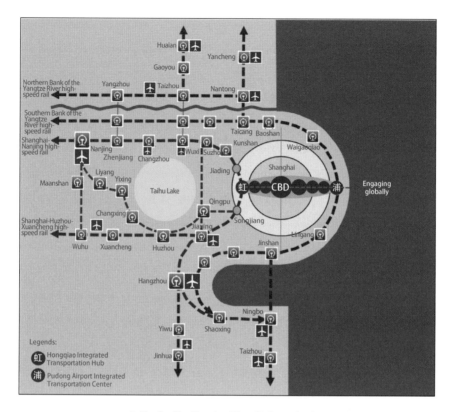

> **Fig. 9** The Yangtze River Delta on tracks

systems markedly transforms the spatial fabric of China's urban landscapes. This transformation represents a defining characteristic of the future world-class urban agglomerations emerging in China.

5. Integrated mobility and urban (agglomeration) spatial modeling: Combined travel theory

From an urban planning perspective, various transportation modes can precipitate distinct patterns of urban spatial growth. Within this context, a multitude of theories and urban and regional development models have been formulated. Despite the plethora of theories and models, the "combined travel theory" and its accompanying model of "transport corridor + transportation hub + town center" stands out as the sole framework that aligns with the actual developmental trajectory of major cities in contemporary China.

Taking Shanghai's urban master plan as a case in point, the 1999 version was predicated on the satellite city theory. This approach aimed to plan and develop nine satellite cities in the suburban areas, with extensive farmland and green spaces designated between these satellite cities and the central urban area, and urban rail transit systems intended to link the satellite cities with the downtown core. However, this strategy did not align with the developmental principles of rail transit corridors. To illustrate, consider the initial plan for Shanghai's Metro Line 9, which connects Songjiang New City. The intention was to prevent the satellite city from becoming a contiguous part of the central city, and thus, only four stations were initially planned. Over time, the number of stations has been incrementally expanded for various reasons, culminating in over a dozen stations, effectively transforming it into an axial development model. In reality, the planning and construction of rail transit must address economic development and the needs of residents along the transit route. Concurrently, it is essential to recognize that the construction of rail transit significantly enhances the level of ground transportation and municipal facilities along the route. If large-scale farmland and green spaces continue to be planned along these corridors, it would result in a waste of these infrastructure resources. Clearly, there is a need for further investigation into many new topics. It is imperative to explore planning theories and spatial development models that correspond with the actual conditions of Shanghai's development.

Backed by the Shanghai Municipal Science and Technology Commission, we delved into the characteristics of rail transit planning, construction, operation, and management, as well as the principles governing Shanghai's urban spatial development in the era of rail transit. In the 1998 report titled "Study on Urban Transportation and Spatial Structure Planning in Shanghai", we introduced a schematic diagram that depicted the urban spatial structure of the Shanghai metropolis (refer to Figure 10a). For over a decade, we have been dedicated to practicing and advocating for the "combined travel" model and the "transport corridor + transportation hub + town center" framework, which has progressively gained widespread acceptance. By 2016, the new iteration of the Shanghai Urban Master Plan (2017 - 2035) fully embraced this pattern in its portrayal of Shanghai's future urban spatial structure (as shown in Figure 10b).

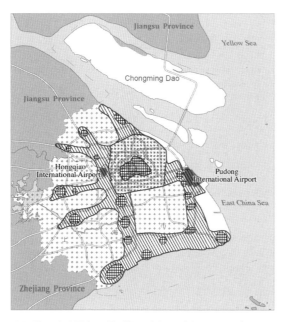

(a) Shanghai Urban Traffic and Spatial Structure Planning
Research Report: Urban Spatial Structure Diagram

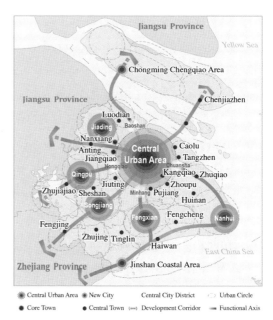

(b) Shanghai Master Plan (2017—2035): Portrayal
of Future Urban Spatial Structure

> Fig. 10   Spatial structure planning of the metropolisof Shanghai

6. Conclusion

Three pivotal forces in our era are poised to reshape the spatial environment of cities and urban agglomerations: rail transit, high-speed rail, and civil aviation. Rail transit is about reconfiguring urban spaces and fostering the metamorphosis and enhancement of urban landscapes. High-speed rail and civil aviation, on the other hand, are set to transform our conceptualization of urban agglomerations by amplifying their scale and operational efficiency.

All three—rail transit, high-speed rail, and civil aviation—constitute forms of mass public transportation. The advent of combined travel via these systems is altering not just the transportation fabric of cities and urban agglomerations, but also their spatial, industrial, and residential configurations. By 2035, China's population may decline by around 200 million. Yet, bolstered by these three public transportation systems, the population size and density of China's major cities and urban agglomerations are expected to increase significantly. This will give rise to more human-centric cities, with continuous growth in urban and metropolitan areas.

The spatial environment of both large cities and urban agglomerations can be envisioned as a "transport corridor + transportation hub + town center" model, which is either expanded or redeveloped along public transportation routes. In the coming years, China's major cities and urban agglomerations are likely to exhibit a new paradigm, akin to "Shanghai on the track" and "Yangtze River Delta on the railway".

These developments are predicated on a shift in travel patterns among residents, transitioning from reliance on a single mode of transportation to a multimodal approach, essentially embracing combined mobility. We encapsulate all these concepts and models, along with the new transportation structures and spatial development models they engender, the new spatial environmental landscapes of cities and urban agglomerations, and so on, under the umbrella term "combined travel theory". The central tenet of this theory revolves around the "travel chain" and the "transport corridor + transportation hub + town center" model.

参考文献

［1］ 吴良镛,等.京津冀地区城乡空间发展规划研究[M].北京：清华大学出版社,2002.

［2］ 吴良镛,等.京津冀地区城乡空间发展规划研究二期报告[M].北京：清华大学出版社,2006.

［3］ 吴良镛,等.京津冀地区城乡空间发展规划研究三期报告[M].北京：清华大学出版社,2013.

［4］ 吴良镛.人居环境科学导论[M].北京：中国建筑工业出版社,2001.

［5］ 刘武君.大都会：上海城市交通与空间结构研究[M].上海：上海科学技术出版社,2004.

［6］ 上海市人民政府.上海市城市总体规划(2017—2035年)[EB/OL].(2018-01-16)[2024-05-19].https://www.shanghai.gov.cn/nw42806/index.html.

［7］ 上海申通地铁集团有限公司.地铁与当代上海的发展[M].上海：上海书店出版社,2023.

［8］ 张泉,黄富民,王树盛,等.城市交通走廊[M].北京：中国建筑工业出版社,2018.

［9］ 矢島隆,家田仁.鐵道が創りあげた都市・東京[M].東京：一般財団法人計量計画研究所,2014.

［10］ 川上秀光.巨大都市東京計画論[M].東京：彰国社,1990.

［11］ 高橋伸夫・谷内达.日本の三大都市圈[M].東京：古今書院,1994.

［12］ 多摩地域駅空間づくり研究会.駅空間整備讀本[M].東京：大成出版社,1996.

［13］ 日建设计站城一体开发研究会.站城一体开发[M].沈阳：辽宁科学技术出版社,2019.

［14］ 同济大学建筑与城市空间研究所,株式会社日本设计.东京城市更新经验：城市再开发重大案例研究[M].上海：同济大学出版社,2019.

［15］ 刘武君.交通与城市：关于交通方式与城市规划的思考[M].上海：同济大学出版社,2022.

［16］ 刘武君.门户型交通枢纽与城市空间规划[M].上海：同济大学出版社,2023.

［17］ 刘武君,顾承东,赵海波,等.建设枢纽功能 服务区域经济：天津交通发展战略研究[M].上海：上海科学技术出版社,2006.

［18］ 刘武君,顾承东,等.打造交通极 成就桥头堡：珠海市公共交通发展战略研究[M].上海：同济大学出版社,2014.

［19］ 李胜,唐炜.双港驱动 海口腾飞：海口城市重大基础设施项目策划[M].上海：同济大学出

版社,2020.

[20] 赵树宽,陈依兰,刘武君.基于"分层公共交通"策略的珠海市公共交通规划研究[J].城市发展研究,2015,22(11)：38-42.

[21] 吕梦雨,唐炜,刘武君.京津冀城际交通高质量发展研究[J].北京规划建设,2024(6)：110-113.

[22] 同济大学建筑与城市规划学院,自然资源部国土空间智能规划技术重点实验室,智慧足迹数据科技有限公司.理想未来城市：2023长三角城市跨城通勤年度报告[R/OL].(2024-02-04)[2024-05-19].https：//www.shplanning.com.cn/information/detail/id/304.html.

[23] 马强.走向精明增长：从"小汽车城市"到"公共交通城市[M].北京：中国建筑工业出版社,2007.

[24] 刘武君.综合交通枢纽规划[M].上海：上海科学技术出版社,2015.

[25] 刘武君.虹桥十年：虹桥综合交通枢纽项目后评估[M].上海：同济大学出版社,2023.

[26] 李晓江,蔡润林,尹维娜,等.站城融合之综合规划[M].北京：中国建筑工业出版社,2022.

[27] 顾承东,刘江,刘武君.城市轨道交通站前广场规划设计[M].上海：上海科学技术出版社,2005.

[28] 布罗.交通枢纽：交通建筑与换乘系统设计手册[M].田轶威,杨小东,译.北京：机械工业出版社,2011.

[29] 克里斯蒂安·沃尔玛尔.铁路改变世界[M].刘媺,译.上海：上海人民出版社,2014.

[30] 夏骥,张嘉旭.上海虹桥如何打造国际化的中央商务区？——虹桥国际开放枢纽3.0[N/OL].第一财经日报,2024-02-28[2024-05-19].https：//www.yicai.com/news/102007425.html.

[31] 新华社.虹桥国际开放枢纽经济密度达4亿元/平方公里[EB/OL].(2024-03-04)[2024-05-19].https：//www.gov.cn/lianbo/difang/202403/content_6935660.htm.

[32] 中国城市轨道交通协会.城市轨道交通2023年度统计和分析报告[EB/OL].(2024-03-29)[2024-05-19].https：//www.camet.org.cn/tjxx/14894.

[33] 中华人民共和国交通运输部.2023铁道统计公报[EB/OL].(2024-06-28)[2024-08-19].https：//www.mot.gov.cn/tongjishuju/tielu/202407/P020240708579407135335.pdf.

[34] 中华人民共和国交通运输部.2023年民航行业发展统计公报[EB/OL].(2024-05-31)[2024-08-19].https：//www.mot.gov.cn/tongjishuju/minhang/202406/P020240621367394142022.pdf.

后　记

　　1997年年初，我获得了上海市科学技术委员会的学科带头人项目的资助，开始了"上海城市交通与空间结构研究"。该研究的成果报告获得了2004年的"上海市决策咨询研究成果奖"和"全国理论创新优秀学术成果一等奖"，并在同年由上海科学技术出版社以《大都会：上海城市交通与空间结构研究》为名正式出版发行。在该研究报告中，我明确提出了"组合出行论"的基本理念和相关城市空间规划的初步模型。随后20年我一直坚持结合所参与的各个工程项目的实际开展相关科研工作，一直坚持研究现代城市的交通规划和空间结构更新与发展的关系。在过去多年的项目管理、项目策划、城市规划与设计实践中，我坚持实践了组合出行论的思想和方法。特别是在"天津交通发展战略研究""珠海市公共交通发展战略研究"和"海口城市重大基础设施项目策划"等一系列城市战略规划研究和重大基础设施项目策划的实践中，进一步完善了组合出行论的理论体系和思想方法。

　　在过去的20多年中，我和研究团队还利用各种机会不断地宣传、教授组合出行论的理论和方法。一方面，坚持在清华大学、同济大学、中国民航管理干部学院等学校讲授组合出行论的理论和成功的实践案例；另一方面，在学术期刊发表论文，在行业学会协会的年会上宣传介绍我们的理念和众多的案例。经过我们这20多年的努力，今天，组合出行论的规划理论和方法在业内已经被广泛接受，卫星城规划理论长期独霸大都会总体规划市场的情况已经开始改变，带状城市、轴向发展等模式已经在中国的城市规划文件中随处可见。

　　2023年我退休了。在这一时间点上，我决定对组合出行论做一次新的梳理和检视，并结合国内外的实践案例，进一步理清组合出行论的理论框架，找到其不足和疏漏之处，从而明确下一步需要研究的课题和发展的方向。同时，我国的交通方式随着交通强国建设又有了引人瞩目的进步，城市和城市群又迎来了新一轮的发展机遇。组合出行论也需要与时俱进，我们急需做更多的理论研究和实践探索来完善它的理论体系和方法论。于是我们开始了关于组合出行论的新一轮研究工作。

　　交通是城市发展的起点，交通运输体系的每一次变革和发展都会带来城市空间的更新和拓展。特别是我国正进入大都会和城市群发展的一个新的时期，轨道交通、高速铁路和民用航空为大都会和城市群的发展提供了新的支撑。这是我们的机遇，是我国赶超西方发达国家的加速器，也是组合出行论提升到 2.0 版的重大机遇。如何为我国大都会和城市群的发展规划提供合理的理论支撑,如何让我国的城市群运营更加高速、高效、安全、可靠,是时代赋予我们的新任务。相信我们一定会在这个新的时代里走在世界大都会规划和城市群规划建设的最前列,我们一定能够为国家创造出世界上最大、最安全、最高效、最生态的大都会和城市群。

　　雄关漫道真如铁,而今迈步从头越。

　　最后,要深深地感谢在过去 30 年中,给我的研究和实践提供帮助的众多城市的领导们、老师们、同事们、同学们、朋友们、群友们! 特别要感谢那些对我工作中的思想和方法提出批评和指导的领导们、学者们和朋友们!

　　谢谢有缘相遇的各位!

刘武君

2024 年 6 月 17 日　于上海世博花园